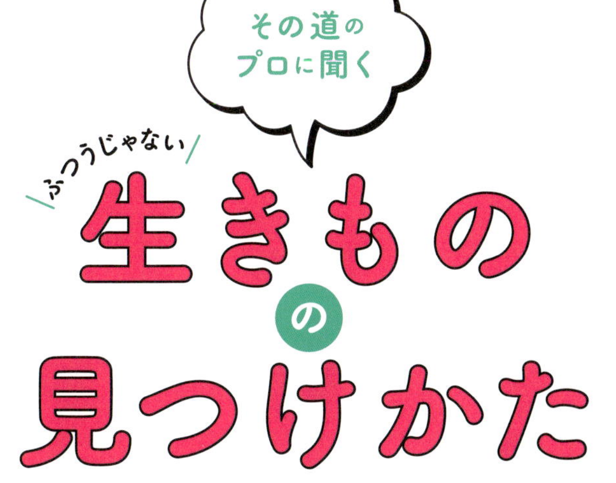
その道の
プロに聞く
ふつうじゃない
生きもの
の
見つけかた

生きものカメラマン
松橋利光

大和書房

「生きものを見つけたい」
そんな衝動にかられたことはないか？

はじめに

「生きものを見つけたい！」と急に思いついたところで、そう簡単に目的の生きものを見つけられるわけではない。ある生きものは夜しか見られなかったり、ある生きものは夏しか見られなかったり、ある生きものは特定の場所に行かなければ見られなかったりと、生きものにはそれぞれ見られる時間帯や季節、場所があるからだ。

それに、たとえ生きものが見ることのできる時間や場所を、図鑑やネットで調べたとしても、それだけで生きものを見つけることはできない。ある生きものは鳴き声を頼りに探さなくてはならなかったり、ある生きものは痕跡(こんせき)を探すことから始めなくてはならなかったり、ある生きものは警戒心が強く、人前に姿を現してくれなかったりする。生きものを見つけるためには、データ収集だけでなく、気配、臭い、音などを感じとる必要があり、人間が持つ感覚のすべてを駆使(くし)しなければならない。

誰にでもある「どうしても生きものを見つけたい！」という、そのどうしようもない「衝動」を実行に移すのは、案外難しいことなのだ。

しかし、ぼくたち大人には、子どもたちに生きものを見つける喜び、難しさ、そして生きものが暮らす自然のすばらしさを伝える義務があるのではないだろうか？

ぼくたちが持てる能力、五感を最大限に研ぎすまし、凝り固まった頭を柔軟にして、生きものの居場所を特定し、気配や痕跡を探そう。

これは、実際にはいもしない、架空の生きものを探すゲームなんかじゃない。**人間の感覚を取り戻すための、冒険なんだ！**

生きものカメラマン　松橋利光

この本の使いかた

この本は、生きものに携わるさまざまな立場の「その道のプロ」が、
生きものを見つけるために考え、これまで実践してきたことを集約し、
導き出した「生きものの見つけかた」を提案する、見つけかたの専門書です。
すべての生きものを掲載できるわけではないので、
多少かたよりがあるかもしれませんが、
この本に掲載されている方法は、さまざまな種類に応用できるので、
本書の見つけかたを、どう活用するかはあなたしだいです！

その1 今まで1度も生きものを見つけようとしたことなどない、という人なら

まずは、この本を最初から最後まで、すべて読んでください。そして自分が興味を持ち、見つけたいと思った生きもののページに付せんを貼って、何度も繰り返し読み、頭のなかでシミュレーションしてみてください。そして、自分の行動範囲にその生きものを見られる場所があるのかを、地元の自然公園やペットショップ、図鑑やインターネットなどで調べてください。さらに、その場に自ら足を運び、生きものを見つけてください。もしも見つけかたに迷ったり、何かにつまずいたりしたときのために、この本を常にバッグにしのばせることをおすすめします。

その2

子どもの頃は生きものを見つけるのが得意だった、という人なら

やはり、まずはこの本を最初から最後まで、すべて読んでください。そして子どもの頃に実践していた見つけかたと、この本の見つけかたの違いを考えましょう。その際、少しでも、この本の内容に共感できるところがあれば幸いです 。そして、今まで見つけたことのない生きものの見つけかたについては、素直にこの本の見つけかたを受け入れ、実践してみてください。自分の経験と、この本の内容がリンクしたとき、あなたは最強の「生きもの見つけ人」になることでしょう。

その3

今まで生きものを探していろいろなところを旅してきたぜ、という人なら

まあ、そう言わず、この本を最初から最後まで読んでみてください。そして共感できる部分とできない部分を分析し、ぜひあなたの思う、正しい見つけかたを導き出してください。そして、それを周囲の子どもたちに伝えてください。1人でも多くの人に生きものを見つけることの楽しさや、それを通じて、自然や生きものを大切に思う心がめばえるきっかけになったら素敵だと思いませんか？

生きものカメラマン　松橋ならこう見つける！

1 水辺や草むらの身近な生きもの 編

その道のプロに聞く
ふつうじゃない
生きものの見つけかた

もくじ

2

自然公園職員　清水ならこう見つける！

公園の生きもの編

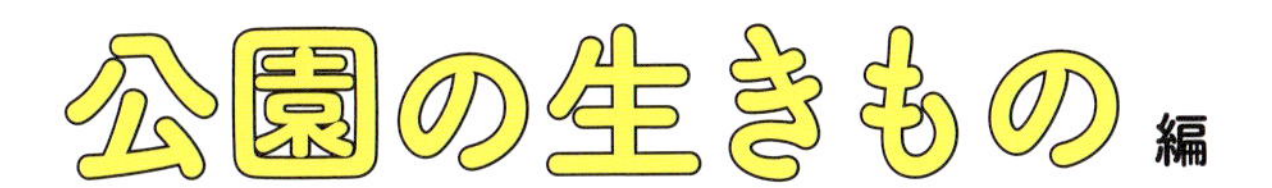

3

鳥羽水族館　杉本ならこう見つける！

アクティブレンジャー　木元ならこう見つける！

南西諸島の生きもの編

長ぐつ

見ためより「くつ底」が大事！

ふつうの長ぐつ

水でも林でも万能タイプ。くつ底はラジアル（ドロはけのよい）タイプ。

DUNLOP

林業用長ぐつ

森林の斜面を歩く場合のくつ底は、スパイクがおすすめ。林業用の耐突刺（刺さる・切れるに強い）に優れたものなら毒ヘビにもある程度有効。

MAGICAL
W SPIKE

渓流用長ぐつ

渓流などコケで滑りやすい岩の上を歩く場合は、フェルト底の長ぐつや、胴長がおすすめ。

道具いろいろ

生きものを見つけるのに特別な道具はいらないが、その道のプロが使っている道具を少し紹介しておこう！

ライト

ウミガメ探しには必須！

遠くまで照らせる強力なライトはどんな場面でも役に立つが、ウミガメやムササビなどの観察には、光量の強すぎないものに赤いフィルムをかぶせて使う。

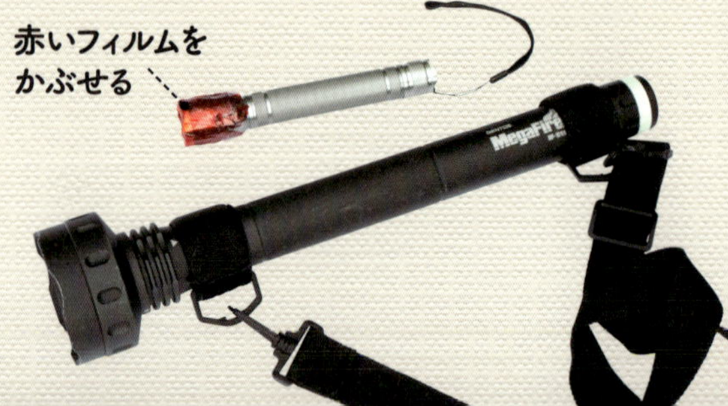
赤いフィルムを
かぶせる
MegaFire

LEICA

双眼鏡

実はなくてもいい

肉眼では判別できない遠いところのものを見るためには有効だけど、本書のプロたちは、できるだけ肉眼で見たいのであまり使わない……。

センサーカメラ

強力な助っ人

センサーに反応してシャッターが切れるデジタルカメラ。警戒心の強い生きものや夜行性のものを見つけるのに有効。

プラケース

プロは絶対持っている

水中の生きものを見る箱メガネ代わりにも使える。持ち帰りたいときにも役立つので1つは持っておこう。

グローブ

素手はやはり危険

岩などをひっくり返すときに手を守るため。ナイフも持てる「切れ」に強いグローブ。

ポイズンリムーバー

もしものときに！

毒ヘビなどにかまれた後、身を守るために有効。

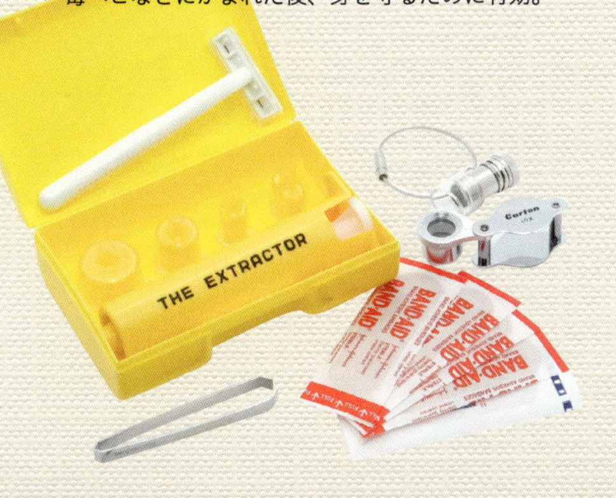
THE EXTRACTOR
BAND-AID

バットディテクター

コウモリを見分ける

コウモリの出す超音波の検出器。コウモリの発する周波数で、おおよその種類を特定できるぞ。

MINI-3 BAT DETECTOR

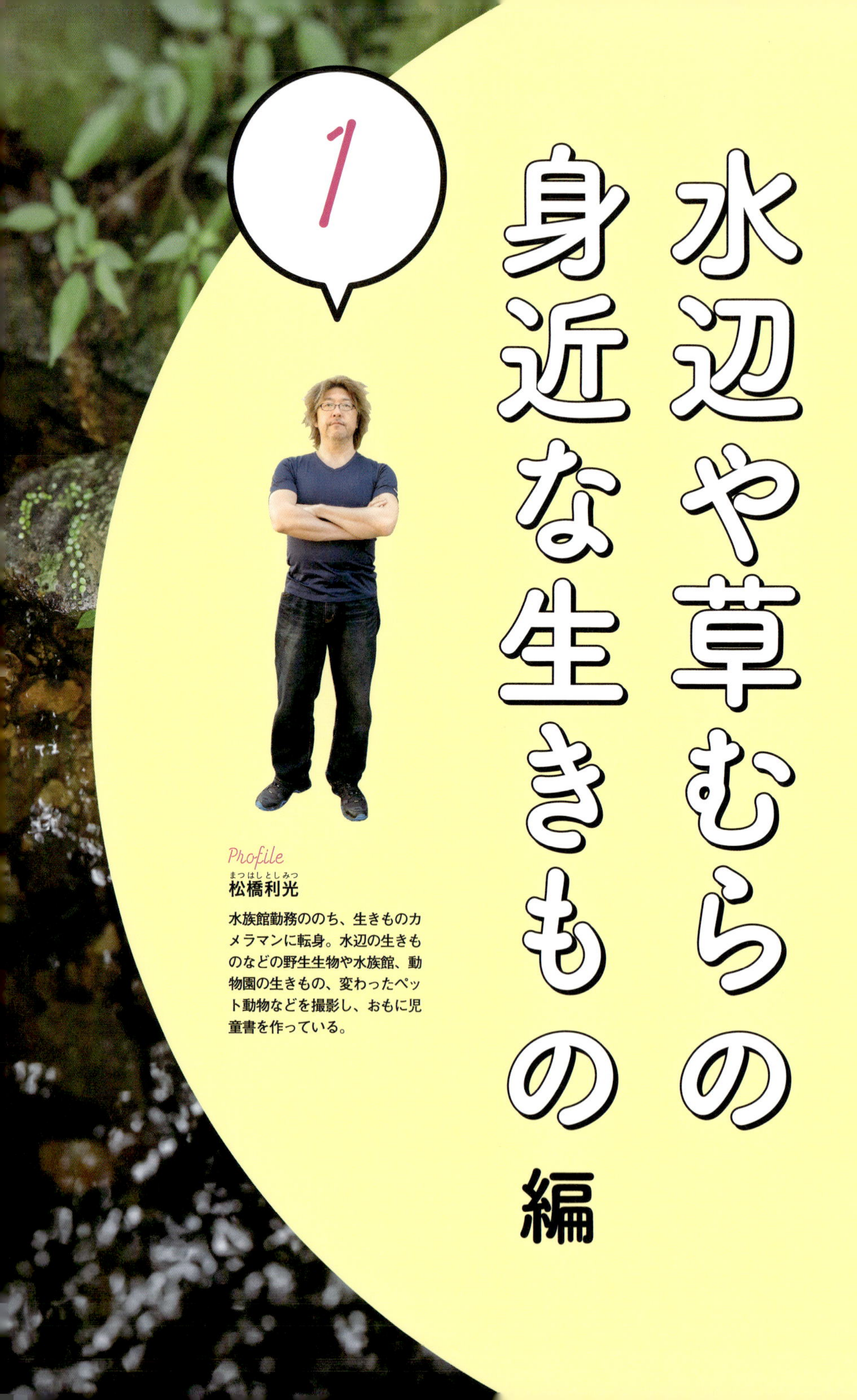

1

水辺や草むらの身近な生きもの編

Profile

松橋利光（まつはしとしみつ）

水族館勤務ののち、生きものカメラマンに転身。水辺の生きものなどの野生生物や水族館、動物園の生きもの、変わったペット動物などを撮影し、おもに児童書を作っている。

生きもの カメラマン

松橋 ならこう見つける！

さまざまな生きものを写真に収めるため、
毎日のように身近な自然を歩き、
生きものを探しています。
生きものたちはみんな「かくれ上手」です。
見つけるために必要なのは、
自分の発する足音や気配をコントロールすること。
関節や体幹を駆使して、足音をおさえるのが基本。
呼吸や上半身の動き、時として
感情さえも表に出さない必要があります。
そんなことをつねに心がけて行動していると、
たとえ落ち葉の上でも、
最小限の足音におさえられるようになり、
見たいものが突如現れても、
ある程度冷静でいられるので、
ただ無神経に歩き、感情のままに驚くよりも、
生きものを見つけるチャンスが広がります。
隠れている場所や、表に現れる時間や季節、
日差しの向き、風の強さなどなど、さまざまな観点から、
生きものの見つけかたを提案させてもらいます！

ダンゴムシ

ひっくり返したら「あいつ」はそこにいる

水辺や草むらの身近な生きもの

Found it!
プランターの下で見つけた!!
ひっくり
返ってるのを見たら
戻してくれよな

DATA

体長　1㎝くらい
見つけやすい季節は、真冬以外。
庭にいるのは「オカダンゴムシ」。海にいるのは「ハマダンゴムシ」。ちなみに日本には25種類のダンゴムシがいる。

子どもの頃、ぼくも友達の家も、だいたいみんな一軒家で、小さな庭があって、植木鉢の下を探せば、必ずと言っていいほどいたダンゴムシ。市街地のアパートに住むようになって、すっかり見ることはなくなった。

そういえば身近な生きものって、どこに行ってしまったんだろう？　子どもに「身近な生きものは？」って聞くと、「うーん、ハムスター」って答えが返ってきちゃう時代だもん。野生の生きものを、もう身近には感じないんだろうなぁ。あの頃は、ハサミムシとか、ナメクジとか、カタツムリとか、クモとか、普通に嫌っていた生きものさえ、今となっては懐かしい。

たまには実家に帰って、植木鉢でもひっくり返してみるかな。

よくいる場所

人工のものが好き

自然の木や石の下を探すよりも、庭のプランターや植木鉢など人工のものの下に多いです。基本的に土の上に置いてある植木鉢の下に多いのですが、アスファルトやコンクリートの上でも、長く移動されていないようなプランターの下にいることがあります。

いついるか？

寒いのは苦手

冬には数が減りますが、ほぼ1年中見られます。

素焼きの鉢の下も好き

見つけかた

すさんだ場所をねらえ！

コンクリートブロック、板やビンなどのゴミをちょっと持ち上げてみるのもいいでしょう。よく手入れされて、大切に育てられているプランターの下にはあまりいないので、より放置感漂う、すさんだ場所を探します。なにより人が大切に育てている鉢などを持ち上げるのはマナー違反ですしね。

同じ場所で見られる生きもの

ワラジムシ　ナメクジ　コウガイビル　ハサミムシ

ジグモ

細長い巣が目じるしだ！

水辺や草むらの身近な生きもの

並んで、
いくつも巣が
あるよ

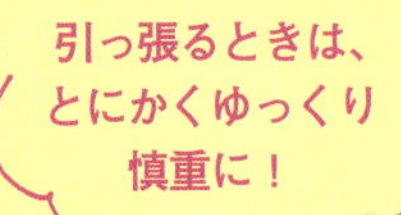
引っ張るときは、
とにかくゆっくり
慎重に！

よくいる場所

古びた石の階段など

ジグモがいるのは、土の上に垂直に立ったコンクリートの壁や石、地面が舗装されていないところにある、古びた石の階段やコンクリートの壁際だ。人気のない古びた神社に、石でできた階段があれば、高確率で見られるだろう。

見つけかた

家の裏や日陰を

自宅敷地で探すなら、隣との境界線のコンクリート塀が狙い目なので、一周してみよう。プロパンガス交換の人ぐらいしか入らないような家の裏や、日陰にいることが多いぞ。

大きいのが
出てきた！

ちょっとした遊び心で簡単に引き抜いていた細長い巣は、少し掘っては巣を張りめぐらせていくというジグモの地道な作業で数日かけてできている。

身近な生きものが身近じゃなくなった現代において、ジグモのことを知っている人はどれくらいいるだろう？

おれはそんな興味をおさえられず、女子大生との大事な合コンの席で、ジグモの話題を繰り出してみた。みんなが引くのなんて覚悟の上だ。

案の定、「何それー、気持ち悪いー」「おまえ、なんの話し始めてんだよ」と非難の声が多いなか、驚いたことに1人の女子が「あー、子どもの頃よく引っ張り出したよ」と反応した。

クモ好きに美人が多いってのは、本当なんだな〜。まさかの美女の参戦に、話も盛り上がったし、何よりもジグモを知っている女子の出現が嬉しかった。とっても嬉しかった。

でも、それと同時に、動きを交えて楽しそうに巣を引っ張り出す話を続けるジグモ女子に、ちょっと引いた自分がいた。

もしも彼女にするならジグモのことを知らない女子にしよう。

Found it!
巣の入口付近を
通る虫を
つかまえるよ〜
何年かぶりに
見つけた！
DATA
体長　2㎝くらい
見つけやすい季節は、
ほぼ1年中。

アゲハの幼虫

虫に食われたみかんの木に！

水辺や草むらの身近な生きもの

DATA

体長　5㎝くらい
見つけやすい季節は、
春から夏。

ホームセンターで見つけた!!

Found it!

羽化観察のためにと、せっかく大切に育てても、育ってきた鉢からいきなり姿を消し、まったく別の場所で蛹（さなぎ）になるという裏切りにあうことが多い。

小 学校の先生になって一番困ったのがアゲハの幼虫を飼うってこと。私は都会で生まれ育ったから、アゲハなんて見たこともないのに、アゲハの幼虫を飼うなんて、無茶な話じゃない？

　クラスに生きもの好きな子がいると、話はスムーズに進むらしいんだけど、そうじゃないと私が探して連れてこないといけないらしい。なんで？

　でも、こんな街中で探そうって言っても無理〜。

サンショウの木
園芸店のみかんの木
みかんの木
みかん
品種名 早生温州

よくいる場所

ホームセンターの果樹コーナー

春から夏。みかんやサンショウの木を探すのが基本。でも、人の家の庭に入りこむわけにもいかないし、虫に食われる前に薬をまいちゃうところも多い。そこで狙い目なのが、ホームセンターや緑化センターの果樹コーナー。ここで、みかんの鉢を探してみよう！

見つかったら、お店の人にちゃんとお願いすれば間違いなくもらえるはずだけど、幼虫だけ持ち帰っても、今度はエサに困るので、鉢ごと買ってくるようにする。そうすれば、そのまま羽化まで観察できるからだ。

「虫食い」の葉を探そう！

見つけかた

卵を産みに現れるかも？

果樹コーナーでも、庭のみかんやサンショウでも見つけかたは同じ。葉が食われて虫食い状になっている木を探そう。木の幹や葉の表裏をくまなく探そう。大きな幼虫はすぐに見つかるはずだ。ホームセンターの鉢に幼虫がいないなら、そのままみかんの鉢を買って庭や玄関先など日がいっぱい当たるところに置いて様子を見る。市街地でもナミアゲハは結構いるので卵を産みに現れるかもしれないからだ。産卵を見たければ朝に観察しよう。幼虫を見つけるのなら毎日葉っぱが食べられていないかチェックしよう。

いろいろな花にミツを吸いにくるけど、幼虫の食草以外では卵は産まないよ！

サワガニ

ギリギリしめった石の下に？

水辺や草むらの身近な生きもの

ゴミなどが
浮かんでいるような、
ちょっと汚い
用水路に多い
河原では、少し
しめっているくらいの
石の下をめくろう！
ひっくり返すと
身をかがめる
あ！

見つけかた

ほぼ陸のような水際！

サワガニは水の生きものの印象が強いので、川の水辺もしくは水中の岩をひっくり返して探してしまいがちだけど、実は水中よりも、岩をめくれば水が滴ってるかな？　ぐらいのほぼ陸と言ってもいい水際にある岩がねらい目。イメージを壊してしまいそうだけどね。

よくいる場所

荒れた用水路に

きれいな渓流よりも、荒れた田んぼの用水路で不法投棄されたゴミやコンクリート片、トタン板の下などに多い。数をつかまえたければ汚い水路、子どもと一緒に探すなら河原の石の下と、大人の判断で使いわけよう。

家族旅行で泊まったちょっといい旅館で、夕食にサワガニの唐揚げが出た。

おれは子どもの頃にサワガニを飼っていたから、少しの抵抗を覚えつつ、「めずらしくちゃんと日本のサワガニだね。昔は川でつかまえたなー」なんて思い出話をしかけたところ、息子は「え？　カニが川にいるの？　海じゃないの？」とサワガニのことを知らないみたい。しかも「おいしそー」とふつうに食べた！ちょっとショックだった……。

息子にとって、カニは食べものでしかないのか？　おれはこの９年、息子になにを教えてきたんだ。

あ、そうだ！　次の休みは川にサワガニを見つけに行こう。

そして一緒に飼育しよう。

いついるか？
いつでもいるよ！
冬には土や堆積物の下に潜ってしまうので、見つけにくくはなるが、しっかり探せば1年中見つけられる。
きったねー水路で見つけた!!
DATA
甲幅　３㎝くらい
見つけやすい季節は、真冬以外。
Found it!
小さいくせに、なかなかの迫力！
生で食べると肺の感染症にかかる危険がある！食べるなら、よく火が通っていることを確認しよう。
つつくと両方のハサミを振り上げて威嚇する

ザリガニ

海外では食用としても人気！

水辺や草むらの身近な生きもの

川に張り出した水生植物の下を、網でガサガサやると出てくるよ！

うちに帰ると玄関のバケツにザリガニがいた！
「お！　どうしたの？　このマッカチンどこでつかまえたの？」「は？　ペットショップで買ってきたんだよ」と嫁。「そこのホームセンターで買いものするのに邪魔だから、ペットショップで待たせてたら、ザリガニがいたく気に入っちゃったみたいで、ザリガニの前から離れなくてさあ。しょうがないから１匹買ったのよ」
「え？　おまえ買いもののとき、子どもをペットコーナーに置いて行くなよ。お店の人に迷惑だろ……。それにザリガニなんかどっかでつかまえりゃいいのに」
「はぁ～!?　じゃ仕事ばっかしてねーで、子どもらをザリガニ捕りにでも連れてけよ。こっちは買いものもできねーくらい毎日大変なんだよ!!」
おっとやぶへびヤブヘビ……。

見つけかた

やはり田んぼ

川のワンド（池状の入り江）や流れの強すぎない細流で、水中の水草や河原から水に侵食する植物の根っこなどの下に隠れている。田んぼに水が張られる時期は、水とともに用水路にいたザリガニも田んぼに入ってくる。中干し（真夏に田んぼの水を抜く）の時期は、残った小さな水たまりにいたりするので見つけやすい。田んぼには入らず、あぜ道から観察する。

DATA
体長　12㎝くらい
見つけやすい季節は、春から秋。

怒ると大きなハサミを、自分のバランスをくずすくらい振り上げる！

Found it!

結構、ふつうに見つけた!!

日本ではあまり食べないが海外では人気の食材！　食べるときはしっかり泥抜きしよう

いついるか？

冬はいないネ……

冬は湿った陸地や水中の堆積物の下などで冬眠するので、とても見つけにくい。春先から夏がベストシーズン。場所は、公園や神社の池、冬でも水が干上がらないような水路。

ヒバリ

地面と一体化して見えるよ

水辺や草むらの身近な生きもの

Found it!
よ〜く見たら、地面で見つけた！

息子は今日から小学生。初めての登校で教わったことの１つが、相模原市の鳥が「ヒバリ」ってこと。やけにヒバリに興味を持った息子に「ヒバリってどんな鳥？　この辺にいるの？」という質問攻めにあうが、市の鳥ってぐらいだからいるんだろうな〜とは思うけど、確かに見たこともないな……。

おれも相模原育ちで子どもの頃からなぜか少し身近に感じていたヒバリって鳥だけど、どうすれば見られるんだろ？

いついるか？

歩いてるよ！

ふだんは地面を歩いていることが多く、地味で見つけにくい。が、春の繁殖期には上空を飛びながらさえずるので、見つけるベストシーズンは4月から5月。

DATA

体長　17㎝くらい
見つけやすい季節は、5月頃。

見つけかた

広いところが好き

河原や耕す前の田んぼなど、広い場所が好きなので、河原でじっと読書でもしながら待つのがオススメ。上空を飛びながら、ビュルルビュルルビュルルルルルとうるさくさえずるので、すぐに気づくだろう。上空を飛んでいると見つけやすいけど、シルエットになってしまいがちなので、体色などをしっかり見たい場合は地上に降りるタイミングをねらう。降りた地点にそっと近づき、「地鳴き」を聞こう。地鳴きの聞こえるほうをよく見れば、キョトン顔でそこにいるはずだ。

Found it!
飛んでるのも見つけた！
ビュルルビュルル
ビュルルルルル

カワセミ

やはり「清流の宝石」は美しい！

水辺や草むらの身近な生きもの

よくいる場所

「ピー」の鳴き声

カワセミがいるかどうかの判断は、川や田んぼ、水路などでの「ピー」という鳴き声。公園の池では不自然に池に刺さった枝があれば、「いる！」と思って間違いありません。

いついるか？

1年中ずっと

川や公園の池、水田、水路など、身近な水辺で1年中見られる。

Found it!

木や石の上でエサの魚を探すよ！

DATA

全長　17㎝くらい
見つけやすい季節は、ほぼ1年中。

近所の川で見つけた!!

20年ぐらい前は渓流にいるイメージだったけど、今は市街地のほうが多いくらい。「清流の宝石」などと言われていたけど、まあ今は「身近な宝石」といったところでしょう。

おれの部署に配属になった新入社員。ちょっとお調子者で、「おれ、やんちゃでした」って丸出しで、「なんかイケすかねーなー」と思ってたら、運悪くそいつの教育係になっちまった……。営業車で取引先を回り、いつもの水路沿いで車を止め、「ここは駐車違反とられないから、疲れたらちょっと止めて休むのにいいんだ。手前にあったコンビニで弁当買って、昼をここですますことも多いよ」なんて先輩風ふかして言ってみたけど、スマホを見ながら「……はぁ～い」と無愛想な返事。「おい！　なんだよ、その態度は」と言いかけたそのとき「ピ――」と甲高い声。すると後輩くんが「お！　カワセミ。ここ、カワセミいるんすっか！」「え？　おまえカワセミの声わかるの？　スゲーじゃん。そうなんだよ。ここ、カワセミよく来るんだよ！」「へー！　いいっすね～」と話がはずむ。

危うくキツいことを言いそうになったおれ。緊張を隠すため口数が少なかった後輩。カワセミが取り持った仲ってやつかな（笑）

見つけかた

おじさまに人気の鳥

公園の池の不自然な枝は、カワセミ撮影用にアマチュアカメラマンのおじさまたちがさしたものなので、そこで待てば高確率でカワセミに会えるはずです。待っていれば、きっと大きなレンズのカメラを持った親切なおじさまたちが現れるので、「カワセミ、見れるんですか？」と声をかけて話を聞けば、よく現れる時間なども教えてくれるでしょう。

カワセミ撮影のためだけにある不自然な枝。副え木までされて頑丈！

公園の池は人が多いので外敵に襲われない安心なエサ場。1度、この場所を覚えると、大抵いつくらしい。

カブトエビ・ホウネンエビ

田んぼに集まるよ！

水辺や草むらの身近な生きもの

すっかり仲良くなった後輩と2人でコンビニに寄ってパンを買い、昼休みついでに車からカワセミ観察。「そういえば、おまえってカブトエビ見たことある？」「おれ、子どもの頃から生きもの好きでさ、カブトエビとかすげー憧れてたんだけど、この辺育ちだから見たことないんだよね」「そうなんすか。おれ、中学の頃、親の転勤で岐阜にいたことあるんで、田んぼにカブトエビふつうにいましたよ。それにホウエンエビなんかもふつうにいました」「まじか！　スゲーな。おれ、カブトエビに憧れて飼育セットとか買ってもらったけど、生まれたことすらないぜ。だから姿を1度も見たことないんだよ……」「そうなんすか……。夏になったら岐阜まで探しに行ってみますか？」「おぉ～！　いいね～」。

カブトエビ
Found it!

田んぼのフチで見つけた!!

日本には、アメリカ、ヨーロッパ、アジアと3種類のカブトエビがいて、田植え後に現れる。1カ月くらいで大人になって産卵して死んでいく。飼育キットで売っているのは、だいたいアメリカカブトエビ。

いついるか？

田植えと連動

田植え直後から中干しまでの期間。

DATA

体長　3cmくらい
見つけやすい季節は、初夏。

Found it!

ライトに、たくさん集まってきた！

DATA

体長　2㎝くらい
見つけやすい季節は、初夏。

水田に水が張られると、前の年に産み捨てられた卵が孵化して、夏前頃に大量発生する。大量発生した年は豊作になると言われていたので、その名もホウネン・エビ！

意外と大きい

ホウネンエビ

見つけかた

毎年現れる田んぼを見つける

出現する田んぼは限られるので、ひたすらあぜ道を歩いて探す以外にありません。田んぼの角をよく見てみましょう。毎年、現れる田んぼがあったりもするので、田植え作業中の人に聞くのもいいですが、作業のじゃまにならないように、お昼休みのときなどに話しかけてみます。

夜、ライトに寄ってくる

ホウエンエビは夜、ライトを当てると寄ってきます。かなり明るめのライトで集めるのも楽しいですよ。

大きさも色もミジンコみたいだけど……

ミジンコじゃなかった！

カイミジンコ

DATA

全長　1㎜くらい
見つけやすい季節は、初夏。

ミジンコの名前があるけど、大きさなどが似ているだけで、カイミジンコはミジンコの仲間ではなく、ウミホタルなどと同じ貝虫の仲間だ。カラが固いので、魚もあまり好んでは食べない。

アマガエル

名前どおり雨が好きみたい

水辺や草むらの身近な生きもの

何匹いるかな？

神奈川県のはじっこから、スポーツ推薦で東京都内の高校に入学して1カ月。すっかり都会っ子気分で過ごしていたけど、寮生活にも新しい友人との関係にも疲れて、なんだか元気が出ない日が続いていた。「あ〜〜。やけにおふくろの唐揚げが食べてーなー。そうだ！ 5月4〜5日は練習ないって言ってたから、ちょっと実家に顔でも出すか」。

実家までは駅から徒歩20分。たった1カ月ぶりなのに、ちょっと懐かしい思いで遠回りして田んぼの道を通ってみた。

そのとき、アマガエルの鳴き声が「ギャギャギャギャ」と聞こえてきたんだ。昔は毎年のことでまったく気にもしていなかったけど、今のおれには心を癒してくれる魔法の歌のように感じるぜ。小っちぇーくせにでっかい声出しやがって……。よし、親に心配かけちゃいけねーな。元気な顔で帰ろう。アマガエルの声は、おれにとって5月病の特効薬だな。また息苦しくなったら、聞きに帰ろう。

見つけかた

田んぼに水が入るときがチャンス

アマガエルは繁殖の鳴き声で見つけるのがもっとも簡単。田んぼに水が入るのと同時に、産卵のため田んぼに現れるので、鳴き声を頼りに範囲を絞りこんで見つけましょう。昼間は隠れて鳴いていますが、夜のほうが大胆にあぜ道などで鳴いているので、見つけやすいです。

繁殖期以外は、田んぼなどの水辺から少し離れて、周辺の草むらに隠れています。足元ではなく、ヒザから目線ぐらいの高さを探すといいでしょう。

DATA

体長 4cmくらい
見つけやすい季節は、春から晩秋。

雨が近いと、鳴くと言われているけど、そうでもない。雨が近いと高いところに行くとも言われてるけどそうでもない。でも雨は好きみたい。

Found it!
葉の上で、たくさん見つけた!!
いついるか？
大量に
見つけるなら7月
オタマジャクシがカエルになる7月頃に、葉の上に大量の子ガエルを見ることもできます。
ここにもいるよ！
よくいる場所
葉の上が
ベッド？
昼間は葉の上で体を縮こめて寝ていることが多いです。
Found it!
護岸につかまって鳴いていた！
Found it!
草かげからこっちを見てた！

カナヘビ・ニホントカゲ

トカゲだけどカナヘビ

水辺や草むらの身近な生きもの

都会出身の友達に言われた。「庭にトカゲがいるってすげーなー。カナヘビもいるの？　どう違うんだかわからないけど、ジャングルみたいですげーなー」。ちょっと都心の高校に進学してみんなに「庭にトカゲが住んでいる」と驚かれたのがおれにとっては驚きだった。子どもの頃からふつうに庭にいたトカゲやカナヘビが、都会っ子にとってはめずらしい生きものだったなんて。

そんなある日、部活の合宿で山中湖へ行くことに。先輩たちは「もー、おまえのフィールドじゃん！」と神奈川と山梨の区別もついていない様子だ。そこでみんなに聞かれたのが「トカゲの探しかた」だ。え！　あらためて聞かれるとわからない。だってふつうにいたんだもん……。

陽だまりで
発見!!
Found it!
朝はしっかり
体を温めないと！
ニホントカゲ

静岡を境に、東がヒガシニホントカゲ、西がニシニホントカゲ。分類に興味がなければ、とりあえずニホントカゲと思っていい。

DATA

体長　20㎝くらい
見つけやすい季節は、春から秋。

見つけかた

朝、日光浴のときに

夜は植物の植えこみや石垣の隙間などに潜んでいて、朝になるとその植えこみと通路の間など、危険があればすぐに逃げこめるところを選んで日光浴をします。日が昇ってから3時間ぐらいまでが見つけるチャンスです。朝の日光浴で体が十分に温まると、いろいろなところに移動してエサを探すので、昼間は見つけるポイントがしぼりにくくなります。

よくいる場所

お気に入りの場所がある

庭など毎日観察できるところなら、日光浴する場所が決まっていると思うので、見つける楽しさがさらに広がりますよ。

いついるか？

冬以外は見られる

桜の咲く頃から秋まで長い期間、見られます。

すぐ逃げこめる
草かげは
安心の場所

Found it!

カナヘビ

Found it!

フェンスの下。
追いかけて
これないでしょ～

家のまわりにふつうにいた！

トカゲにしてはしっぽが長くて、一見ヘビにしか見えない。なのでトカゲなのに名前にヘビがついているのだなあ。

DATA

体長　20㎝くらい
見つけやすい季節は、春から秋。

エサになる虫が
飛んでくるのを
待ってるんだ！

ヤモリは夜の街灯にいるよ！

ヤモリ

キリギリス

鳴き声「ギィー、ギィー、ギィー、チョン」

水辺や草むらの身近な生きもの

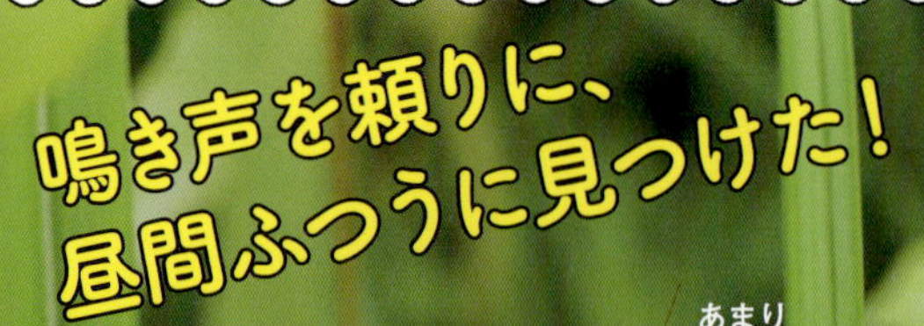
鳴き声を頼りに、
昼間ふつうに見つけた!

Found it!

あまり近づきすぎると、ポトッと下に落ちるように逃げる

よくいる場所

大きめの葉

草むらのイネ科植物よりも、ヤブガラシやクズヘクソカズラなど、葉の大きい植物に止まっている印象が強いので、イネ科に紛れて生えている大きめの葉の植物を中心に探します。地面に近いところよりも、少し高いヒザ丈ぐらいにいることが多くて、驚かせるとポトッと落ちるように逃げて潜ってしまいます。逃してしまうとしばらく鳴かないので慎重に近づきましょう。

今は近畿を境に、東がヒガシキリギリス、西がニシキリギリス。分類的な話でない限りはキリギリスと呼べばいい。

見つけかた

夏から秋。昼も夜も!

夏から秋にかけて、昼夜を問わず鳴きます。日当たりのいい河原や草むらで鳴き声を頼りに探そう。

羽をこすって鳴く

ギィー、ギィー、ギィー、チョン

草につかまって隠れた気分

DATA

体長　3.5㎝くらい
見つけやすい季節は、初夏から秋。

夏は山中湖で強化合宿！　さすが水辺は夏でも、窓から入る夜風が涼しくて気持ちいい。窓の外で「ギィー、ギィー、ギィー、チョン」とキリギリスが鳴いているのもまたいい。同部屋の友人は、キリギリスの鳴き声を初めて聞くらしく「何が鳴いてんの？　これ、なんか怖くない？」と怯えていたので、「キリギリスだよ」と教えてあげると「え？　キリギリスとかって秋に鳴くんじゃないの？　今真夏だぜ」「いやいや。秋に鳴く虫っていっぱいいるけど、キリギリスは夏からが本番だよ」「へ～。やっぱおまえ、生きものが好きなんだなあ」「おれ、キリギリスなんて見たことないから、ちょっと探しに行こうぜ～。今から！」「いや……おれはそんなに興味ないんだけどな」。

ショウリョウバッタ

「チキチキ」と音を立てて飛ぶ

水辺や草むらの身近な生きもの

見つけかた

鳴かないけど飛ぶ音が個性的！

ショウリョウバッタは鳴かないけど、飛ぶときに「チキチキチキ」という音を出すので探しやすい。草の間から「チキチキチキ」と飛んで、着地点に素早く追いつけば、着から次のジャンプに少し手間取っている間に、しっかり見つけられるはずだ。

よくいる場所

イネ科の植物

夏の昼間、草むらや河原のイネ科の植物にいることが多い。

チキチキチキ……

Found it!

トノサマバッタより大きい日本最大のバッタだよ!!

オスが「チキチキッ」と音を立てて飛ぶので、チキチキバッタとも呼ばれる。

河原の草にしがみついてた!!

DATA

全長　オス５㎝、メス９㎝。
見つけやすい季節は、夏から秋。

朝、先輩よりも早い時間にグラウンドに行くと、友人が走ってきた。
「あっちの草むらにこんなのもいたぜ！こんなでっかいバッタ見たの初めてなんだけど、これは何バッタ？」「おまえバッタつかまえるのすごく得意じゃん。おれなんかよりよっぽど生きもの好きなんじゃないの？」「いやいや、そんなことないよ。で、これは何バッタなの？」「ショウリョウバッタだよ」「へー、ショウリョウバッタっていうのか～。まだまだいっぱいいたから、見つけに行こうぜ！　いっぱいつかまえて合宿中、部屋で飼おうぜ！」「いやいや、プラケ（プラスチックケース）もないのに飼えないし。早く準備しないと先輩たちがくるし。いいからもうバッタ逃がせよ～」。

トノサマバッタ

すごいジャンプ力でつかまえにくい

水辺や草むらの身近な生きもの

DATA
体長　5～7㎝くらい
見つけやすい季節は、
夏から秋。
河原でたくさん見つけた!!
Found it!
地面だけじゃなく
草につかまって
いることも
ジャンプ力も飛翔力も強く、とてもつかまえにくいけど、飛翔中に思いきって追いかけると少しパニックになり、草の上などにあわてて着地するので、そこを狙うと、つかまえやすい。

つかの間の昼めし時間……。
「おーい、グラウンドにもショウリョウバッタがいたぜ」と、またあいつがつかまえてきたのはトノサマバッタだった。
「すごいね。トノサマバッタを素手でつかまえるなんて！」「え？　これはショウリョウバッタの仲間じゃないの？　トノサマバッタつかまえると、なんですごいの？」
「だってすごく速いし、警戒心強いからすぐ逃げるし……」。
「おまえ生きもののことならなんでも知ってんだな！　尊敬するよ。地元帰っても探しに行くから見つけかたとか教えてよ」
「いやそんなに知らないんだけどな……」。

Found it!
基本、地面にこうして、
たたずんでいます

草の生え際あたりで見つけた！

見つけかた

だまし絵みたいに見つけにくい

夏の昼間、広い河原などの地べたにいることが多く、数も少なくないけど、草や岩に紛れて見分けにくい。自慢のジャンプで逃げきる自信があるからか、相当近づかないと逃げないが、見つける前に飛んで逃げられてしまうことが多い。特に鳴かないので、見つけるためにはわざと歩き回って、飛んだら着地点を見て、そっと近づくしかない。

ギリギリまで逃げないとき

交尾中の個体は飛ぶのが億劫なのか、もっとギリギリまで逃げないし遠くまでは飛ばないので、先に見つけさえすれば近づきやすい。

交尾中のバッタは近づきやすい

気づかれないように近づくのは難しいから、気づかれた上で逃げる寸前まで近づく技を身につけよう！

オニヤンマ

回転するものに近づくよ！

水辺や草むらの身近な生きもの

山中湖合宿3日目は、グラウンドに大きなトンボが迷いこんできた。みんなは初めて見る大きなトンボに大喜びで大騒ぎ。みんなぼくに「あれ何トンボ？」と聞いてくる。中学まで特に生きもの好きキャラじゃなかったけど、高校ではすっかり生きもの好きキャラが定着してしまったようだ。「オニヤンマじゃない？」と答えると「おー！」と歓声が上がる。厳しいい先輩たちも、なぜか生きものが迷いこむとやさしくなるので、場が和んでいいのだけど。いいかげん生きもの好きキャラを押し付けられるのは疲れてきたな。どうせ練習終わったら、オニヤンマ探そうって言われるんだろうなあ。ほんと疲れたってば……。

Found it!
山沿いの田んぼで
見つけた！
安定した
止まり木で休むよ

成熟したオニヤンマは、せんぷう機などの回転するものを異性の羽ばたきと勘違いして興味を持ち、近づいてくることがある。

DATA

全長　10㎝くらい
見つけやすい季節は、初夏から秋。

いついるか？

夏から秋に見つけやすい

田畑など里の環境に多くて、夏から秋、飛ぶ姿をよく見る。

同じコースを飛ぶよ！
待っていると
また前を通るよ！

見つけかた

飛ぶコースが決まっている？

用水路の上など、決まったコースを飛ぶので、1度見た場所で待てばふたたび現れる。止まる場所は、風に揺れる植物などよりもしっかりした細竹の杭など。でも、とても警戒心が強くて近づくのは難しい。

流れの
ゆるやかな場所で産卵

産卵も見られるかも！

川や水路など、底が砂地の場所を選んで産卵するので、大きくてかっこいいヤゴを探してみるのも面白い。ヤゴがいたら、そこに産卵する可能性が高いので待てば産卵だって見られるかもしれない。

砂地が好きなオニヤンマのヤゴ。大きくて顔も怖い。両アゴを左右に開いて、小魚などをつかまえるよ。

かっこいい！
5㎝にもなる、
あこがれの
巨大ヤゴ。

2 公園の生きもの編

Profile

清水海渡（しみずかいと）

公園の自然解説担当の仕事のかたわら、神奈川県北西部を中心にコウモリなどほ乳類を調べるため、日々、洞窟や廃墟、樹洞をのぞいている。はく製などの標本づくりもライフワーク。

自然公園職員

清水 ならこう見つける！

市街地に隣接した広大な森林公園は、犬の散歩、
ウォーキング、花を楽しみに来る人、
読書をする人など、人々の
いこいの場であるのと同時に、
さまざまな生きものたちのオアシスです。
公園の木々は、人目や日差しを
さえぎることができるからです。
生きものの見つけかたさえわかれば、
公園であなたは、びっくりするぐらい
多くの生きものに出会えますよ！
季節ごとに変わる鳥や虫の声、すきまに潜むコウモリ、
夜、突如として現れるムササビ、夏のカブトムシなど、
知ればしるほど、想像をはるかに超える
生きものたちの世界が広がっています。
遊びに来る人たちと公園で暮らす生きものたちを、
きちんとした知識でつなぎ、
自然に親しむ入口のような役割を果たせれば、
という思いで日々観察を続けています。
誰でもお散歩感覚で、
正しく生きものを見つけられるように、
さまざまな生きものの見つけかたを提案しますよ！

カブトムシ・クワガタ

甘いにおいに誘われて！

公園の生きもの

DATA
体長　5㎝くらい
見つけやすい季節は、夏。

カブトムシ

Found it!

樹液に集まっているところを見つけた！

交尾の後、しばらくするとオスが死に、産卵の後、しばらくするとメスが死ぬ。つまり繁殖を目指さないなら、オスとメスを別々に飼ったほうが少しだけ長生きさせられる。

お酒のような甘いにおいがするよ

「ねー、カブトムシつかまえてきてよー」。せっかくの休みなのに息子のわがままに起こされる。「つかまえてきてって言っても、この辺にはカブトムシなんてもういないだろ」。

おれは一流の証券マン。キャビンアテンダントだった美しい妻をもらい、一男一女に恵まれ、都心のマンションで幸せに暮らしている。「だって、『お父さんが公園でつかまえた』ってケン太くんが学校に持ってきてて、大人気だったんだよ！　つかまえてきてよー。カブトムシが飼いたいよー」「なんだって！　あの公園にカブトムシが！?」。
おれだって子どもの頃はカブトムシの勇と言われた男だ。それを聞いちゃ、黙っていられない……。よし、今夜探しに行くぞ！

手がかり

スズメバチやカナブンがいたら最有力地！

明るいうちに公園を下見して、クヌギやコナラの樹液の出ている木を探そう。木の種類はわかりにくいけど、公園なら木に名札が付いていることが多いから簡単だ。クヌギやコナラを1本ずつ高いところまで観察して、スズメバチやカナブンが集まっているところがあれば、そこが最有力候補地！　ふたたび日没からの数時間か日の出の前後にその場所に行ってみよう。

※公園など場所によっては昆虫採集禁止のところもあります。事前に確認しましょう。

Found it!

見つけかた

昼間は木の根元で寝ている

いそうな木さえわかれば、昼間はその木の根元や近くの倒木や資材のすきまにもぐっているので、根元の堆積した落ち葉などの堆積物やもぐるために掘ったような形跡のあるやわらかい土を掘ってみたり、倒木などもひっくり返したりして探してみよう。

よくいる場所

クワガタは昔ながらの街灯に！

クワガタ探しに有効なのは街灯めぐりです。最近、増えているLEDのタイプには集まりにくいので、昔ながらの蛍光灯の街灯を探します。蛍光灯タイプや水銀灯タイプにはノコギリクワガタやミヤマクワガタが飛んできます。

DATA

体長　5㎝くらい
見つけやすい季節は、夏。

ノコギリクワガタ

交尾の後、メスが産卵に向かうまでの間、オスがメスにおおいかぶさり「メイトガード」と呼ばれる保護行動をとることがある。

『生きものの持ちかた』でもおなじみ！

虫屋の後藤くんおすすめ

街灯ランキング

全方位を照らす大型水銀灯

1位

クワガタもカブトムシもガも何でも集まる。ヤモリもいることが多い。

昔ながらの蛍光灯タイプ

2位

カブ・クワがもっとも愛すると言っても過言ではない蛍光灯。

LED タイプ

3位

今は多くがこのタイプ。明るすぎるのか、小さいからか？　あまり虫には好まれないように思う。

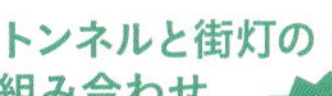
トンネルと街灯の組み合わせ

最強

この組み合わせが最強説も！　あとは周囲に灯りのない自動販売機もおすすめ！

コウモリ

コキクガシラコウモリ

翼じゃなくて「大きな手」で飛んでます

公園の生きもの

職場からは離れるが、30代で自分の城を築くのが夢だったおれは、昇進をきっかけに郊外に小さな家を買った。出勤時間が4倍になるけど、今までの家賃の約半額で家が買えるなんて最高じゃないか！　夕方になると庭先にたくさんの鳥が舞い飛ぶのもお気に入りだ。そんなある日、「たまには庭先で将棋でも打ちながら飲まねーか！」と親父がビールをぶら下げて訪ねてきた。今日は夕焼けもきれいだ。自慢の鳥たちも飛び交い始めた。「親父、いいところだろ」「まさひろ、本当にいいところだな。この辺りはまだこんなにコウモリが飛ぶんだな。なんだか懐かしいよ」「え！　これコウモリだったの!!」。枝豆を運んできた嫁がお盆を持ったまま立ち尽くし、娘は「コウモリ怖い」と泣き始める。小鳥だと思っていたのがコウモリだったのだ。そりゃもう引っ越したいほどのショックだ……。

でも別に何をするわけじゃない。どうすればいい？　そうだ！　コウモリのことを知ろう！　知って怖い生きものじゃないことを家族に証明しよう！　まずはどこにいるのか探すことから始めるとして……ん？　コウモリってどこにいるんだ？

空を飛ぶための翼は、手が進化したもの。指が伸びて「大きな手のひら」で飛んでいるのだ。ふだん、洞窟などでは逆さまで生活しているが、おしっこやフンをするときは、お尻を下にして顔にかからないようにする。

見つけかた

夜？　いいえ、昼間のトンネルです

コウモリが夜行性なのは有名なので、探すのは夜と思いこんでいる人も多い？　でも実際しっかり見つけようと思えば、昼間のトンネルや洞窟をあるいて、フンを探すのが一番。フンがたくさん落ちているところがあったら、そのまま上を見上げてみよう。

コウモリは廃トンネル、防空ごう、廃墟など人の使わなくなった過去の遺産に住み着くからか、あまりいいイメージがないみたいだけど、実際に人の害になるようなことはほとんどないよ！

地面にフンが落ちていたら、
その上を見上げてみよう！

Found it!

廃トンネルの中で見つけた!!

昼間は止まって
休んでる

モモジロコウモリ

慣れてくると
においで、
コウモリがいるのが
わかるようになるよ

私たちの気配を
察知すると、飛んで、
少しだけ移動する

じかにさわったら
ダメ!!
(菌などあるため)

目は小さいけど、見えている。でも暗い夜に飛ぶので、超音波を使ってエサの虫を追ったり、障害物などをよけて飛んでいる。

DATA

体長　5㎝くらい
見つけやすい季節は、夏。

見つけかた
夕方は
バットディテクターで
夕方、飛ぶ姿から種類を特定するには「バットディテクター」で鳴き声（超音波）を聞く。バットディテクターで波長がわかったら、図鑑でその波長のコウモリを調べ、その中から生息地がわかるものを特定すればいい。もっとも調べやすいのは日没1時間くらいの、虫を食べに隠れ家から出てくるタイミング。
神社の事務所の裏を見てみると
バットディテクターを使おう
防空ごうなどで
子育てをする
モモジロコウモリ
真ん中に
集まっている、
小さくて黒いのが
子どもだ！
カビのような
独特のにおいが
するぞ……

Found it!
ヒナコウモリ

こんな細いすきまで見つけたよ!!

よくいる場所

家の「すきま」にひしめき合ってるよ

冬は冬眠場所を探す。神社や廃墟など、人がわざわざ引っ掻き回さない場所のすきまを探してみよう。

Found it!
枯葉で休んでいたよ
コテングコウモリ

手がかり

まるで、おまんじゅうみたい?

コテングコウモリは秋の昼間、枯葉で寝ているところを探す。クズなど葉っぱが大きくて枯れると下に垂れ下がる植物をめくってみよう。

ムササビ

実はけっこう近くで生きている

手がかり

公園の木に
穴が空いていたら……

夜行性なので、ちゃんと見ようと意識しないと、偶然見かけることなどまずないので、案外知られていないのですが、ムササビは森林公園や神社などで、わりとふつうに暮らしています。一番わかりやすいのは、木に空いた穴です。まっすぐな杉の木を見上げると、高いところに堂々と目立つ穴が空いています。その穴の周囲を見回り、フン、食痕を探してみましょう。

木の上のまあるい巣穴を見つけたら、木肌をこすって！

いろいろな痕跡

アラカシの葉っぱ
かじった枝
まんまるのフン
かじったツバキのつぼみ

「ねーねー。近所の森林公園でムササビ観察会ってのがあるんだって。行ってみない？」と妻がチラシを持ってきた。郊外に引っ越すときは少し反対していたセレブ思考な妻も、コウモリ騒動以来、ここでの暮らしを面白がっているようで一安心だ……。

「えっ！　いまムササビって言った？　あの『空飛ぶザブトン』のこと？　モモンガのでっかいやつ？　そもそもムササビって日本の生きものだったの!?」。すべてが驚きだ。ムササビなんていう、おれの人生に１度も登場してきたことのない生きものの名前が、ムササビよろしくわが家のリビングを飛び交っている。しかも、こんな近所の公園に住んでいたなんて。そりゃあ、行くしかないでしょ。

Found it!
なんだなんだ。
変な音がするぞ？

上からこっちをのぞいていたよ！

DATA

体長　40㎝くらい
見つけやすい季節は、
秋から早春。

育児放棄などで一時的に人間に保育された個体は、森に放した後も人に飛びついてくることがあるらしい。木登りは得意だけど、木に沿って降りるのは苦手。木と木の間を長い距離飛び移るため、手足と尾の間の皮膜が発達して、それを使って滑空する！
最長で100ｍ以上とんだ記録も！

見つけかた

赤いライトで近づこう

日没後30分ほどで巣穴から出てくるので、そのタイミングを狙います。ライトが強いと警戒するので、赤いフィルムなどでおおって、赤い光で観察しましょう！　公園では巣箱などを設けているところも多く、日頃からムササビの行動を見守っているので、観察会で高い確率で見ることができますよ。

夜、巣穴から出るとスルスルッと木を登っていく

アオダイショウ

公園にもいるし、噛むから注意！

公園の生きもの

DATA
体長　180㎝くらい
見つけやすい季節は、
初夏から秋。
Found it!
草かげから
現れた！
それ以上
近づかないで……
おとなしいという記述が目立つけど、けっこう噛んでくる。それに、つかまえると総排泄孔から青臭い汁（かなり臭い！）を飛ばす。

「今日、学校にヘビが出たんだよ！　こんなでっかいの！」「へぇ、こんな市街地の学校でもヘビなんて出るんだね」「あ、裏にニワトリをいっぱい飼っているお家があるからかもね」「へぇ。ヘビって鳥も食べるの？」。

息子もすぐに小学校になじんで、毎日いろいろな出来事を楽しそうに話してくれる。「そうだよ。だってそれだけ大きいってことは、アオダイショウか何かでしょ？」「わからないけど先生が『ヘビは毒を持ってて噛みついてくるから危険です』って、棒で押さえつけて、『逃してくるからみんなは離れていなさい』って言って、裏に持って行って、しばらくしたら、すごい息を切らして戻って来たから、遠くに逃がしたのかなぁ？　だからみんなは噛まれたりしなかったよ」。先生はなんの罪もないヘビを殺めたというのだろうか……それはけしからん。息子には、もっとヘビのことを知ってもらう必要があるな。次の日曜日ヘビを探しに行こう！

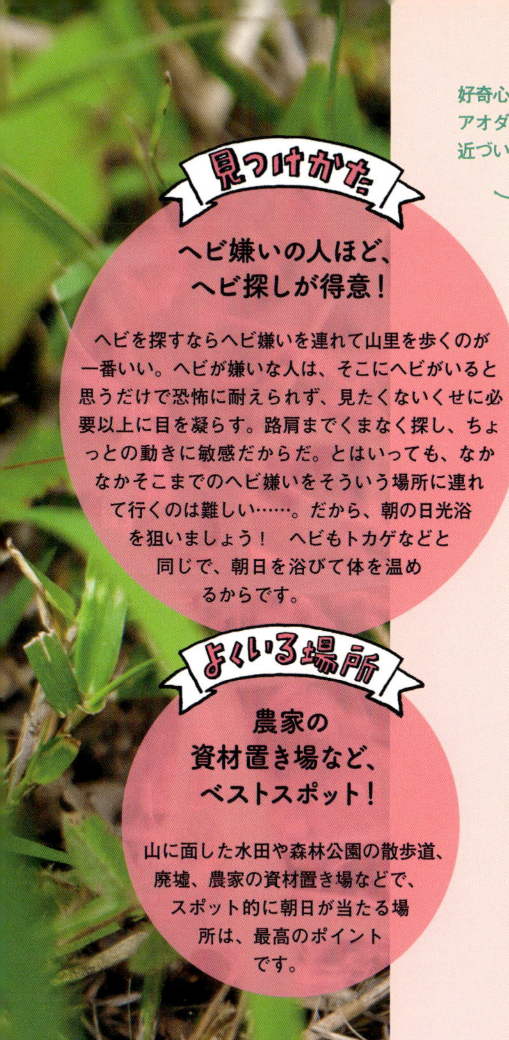

見つけかた

ヘビ嫌いの人ほど、ヘビ探しが得意！

ヘビを探すならヘビ嫌いを連れて山里を歩くのが一番いい。ヘビが嫌いな人は、そこにヘビがいると思うだけで恐怖に耐えられず、見たくないくせに必要以上に目を凝らす。路肩までくまなく探し、ちょっとの動きに敏感だからだ。とはいっても、なかなかそこまでのヘビ嫌いをそういう場所に連れて行くのは難しい……。だから、朝の日光浴を狙いましょう！　ヘビもトカゲなどと同じで、朝日を浴びて体を温めるからです。

好奇心豊かでアオダイショウから近づいてきた

Found it!

木の上にもいた！

よくいる場所

農家の資材置き場など、ベストスポット！

山に面した水田や森林公園の散歩道、廃墟、農家の資材置き場などで、スポット的に朝日が当たる場所は、最高のポイントです。

手がかり

逃げる足音で見つかる

ヘビは警戒心が強く、人の気配を感じるといち早く逃げますから、逃げる音でも見つけることができます。山道を歩いていて、「ガサッ！」という短い音がしたら、トカゲ、「ガサーッ」という音の後に葉をこするような音が続いたら、それはヘビの可能性が高い。音の移動するほうを目で追うと、ひょこっと顔を出します。

マムシに注意！

マムシは田んぼのヘリや山道でとぐろを巻いて身を潜めています。毒がある自信からか、歩き回らず、待ち伏せてエサをとる傾向があります。ギリギリまで逃げず、じっと身を隠すので不意に出会ってしまうことが多く、とても危険です。

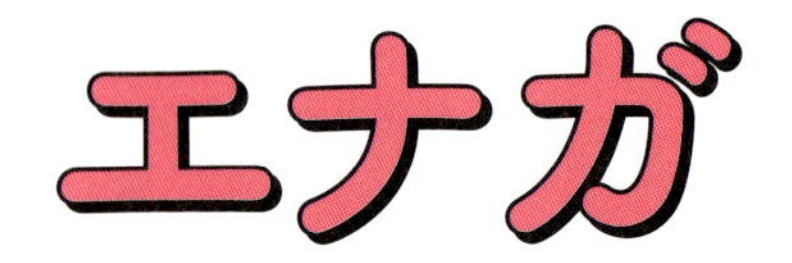

エナガ

まぁるくてかわいい鳥！

「見て見てー。ひさしぶりに同期でランチしに行ってきたんだけど、『郊外に引っ越したんでしょ～、いいな～、庭でエナガとか見れちゃうの？』ってこんなかわいい鳥の写真集もらっちゃった！」

「エナガね。庭には来ないけど、そこの公園にいるね。マーク（愛犬）の散歩してると毎朝必ず見るよ」

「あー、あの群れでいて、ツツピーッて鳴くやつ？」

「違うよ。あれはシジュウカラだよ。それに混じってて、しっぽの長いやつがいるじゃん。あれだよ」

「そんなのいたかな？　こんなにかわいいの、見たことないよ」

「それならじかに見たほうがいい。本当にかわいいよ！　今度の日曜日お弁当持って見に行こう！」

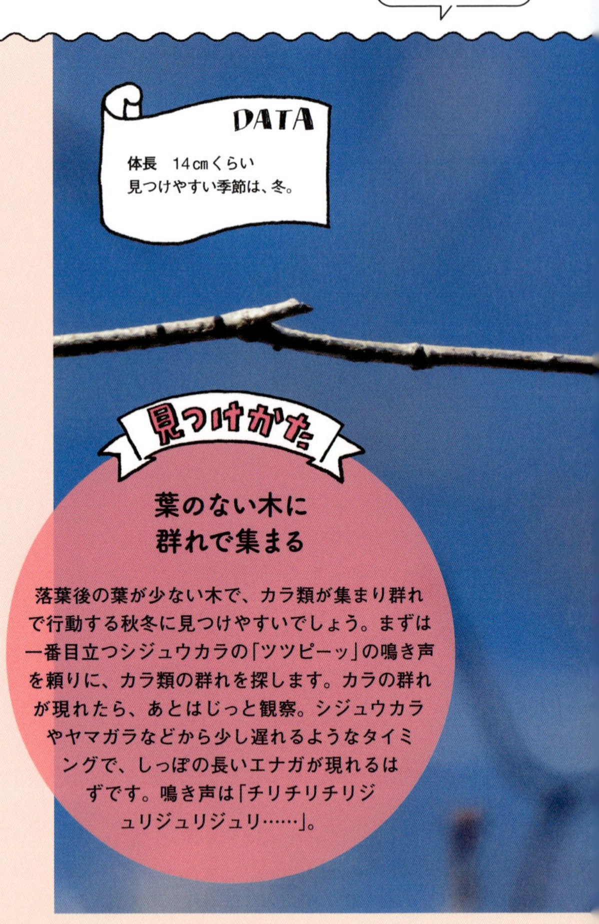

DATA

体長　14㎝くらい
見つけやすい季節は、冬。

見つけかた

葉のない木に群れで集まる

落葉後の葉が少ない木で、カラ類が集まり群れで行動する秋冬に見つけやすいでしょう。まずは一番目立つシジュウカラの「ツツピーッ」の鳴き声を頼りに、カラ類の群れを探します。カラの群れが現れたら、あとはじっと観察。シジュウカラやヤマガラなどから少し遅れるようなタイミングで、しっぽの長いエナガが現れるはずです。鳴き声は「チリチリチリジュリジュリジュリ……」。

冬の間から群れにいる鳥たち

ヒガラ

シジュウカラ

Found it!
チリチリチリ
ジュリジュリジュリ……
カラの群れに混ざって現れた！
まあるくて
しっぽが長い
繁殖期も群れでいるので、
ヘルパーという親鳥でない
鳥が、ヒナにエサを運んで
くる行動が見られる。姿だ
けじゃなく行動もかわいい。

コゲラ
ヤマガラ

フクロウ

鳴きまねをすると近寄ってくるぞ～

公園の生きもの

娘はなぜか、絵本に出てくるフクロウをいたく気に入ったようだ。「『ホーホー』だって！　かわいーい！　本当にこうやって鳴くのかな？　こんなに目が大きいのかな？　音もなく飛ぶって本当かな？　会ってみたいな～フクロウに……」。あぁ、かわいい。娘にフクロウを見せてあげたいな。動物園にいるかな？　動物園のフクロウを見せるよりも自然で見せられたら最高なんだけどな～。こんなふうに考えていると、「あ～、この前ムササビ見に行った公園に、フクロウもいるらしいよ」と嫁。そうなの？　何でもいるんだな、森林公園って。でもどうすれば見られるんだよ……。

DATA

体長　50㎝くらい
見つけやすい季節は、夏頃。

夜狩りをするので、獲物に逃げられないように羽に消音装置がついている。真上を飛んでもほとんど音がしない。また、暗い夜に音を頼りに獲物を探すため、左右の耳の穴が少し上下にずれてついている。
鳥の足の指はふつう前に３本、後ろに１本だが、フクロウの仲間は獲物がつかみやすいように足の指は前に２本、後ろに２本になっている。もちろん長いかぎ爪状の爪がついている。

スマホで
音を流したり
鳴きまねをすると
姿を現す

見つけかた

スマホの「フクロウの鳴き声」に近寄ってくる

その時期は、鳴き声に対して返すと、縄ばりに他のフクロウが来たと思いこんで見にくるので、スマホなどでフクロウの鳴き声を流すと、近寄ってくることもあります。

※フクロウは鳴き声で縄ばりを形成するので、繁殖期の冬～初春に音声を流すのはひかえましょう。

え!公園にもいた!!
Found it!
昼間もこうして
森林に隠れてる
いついるか?
6～8月が
ベストシーズン!
夕方から活動し始めるので、日没後に
「ホーホー」の鳴き声を頼りに探しま
す。低い山の森などに1年中いる
けど、ヒナが巣立つ6月から8
月がもっとも見つけやす
い季節です。

猛禽類(もうきんるい)いろいろ

ノスリ
トビ
ハヤブサ
チョウゲンボウ

オオタカ
ハイタカ

昼間見つかる猛禽類は、トビだけじゃない！
河原、森林公園、海辺、都心でも、実はいろいろな猛禽類が飛んでるんだ。
環境、大きさ、羽の模様などで種類を検索するのも楽しいよ。
特徴を見極めよう！

ミサゴ
サシバ

タヌキ

見つけるための3つのヒント！

公園の生きもの

フクロウ絵本のブームが去ると、次はタヌキの絵本ばかり読んでいる娘。今度はタヌキに会いたいのだそうだ。あぁ、まったくかわいいやつめ。タヌキを見せてやろうじゃないか！　でも、タヌキなんて、どこでどう探せばいいかまったく見当がつかない。

今度こそ動物園で見せることにしよう。いや、その前に森林公園のあの「でっかいぬいぐるみみたいなお兄さん」に相談してみよう。あのお兄さんなら何でも見せてくれそうだな。

Found it!

見つけかた

夜のために、昼にめぼしをつけておく

夜行性でとても臆病なので、昼間見つけるのは難しい。どうしても夜間の捜索が必要になるが、まずは通り道を特定するために、昼間のうちに痕跡を追っておこう。それが一番の近道だろう。

とても臆病で日中にばったり会うと「ビクンッ」と飛び上がるほど驚かれて、こっちも驚く。

DATA

全長　60㎝くらい
見つけやすい季節は、1年中。

巣穴の
入口

ヒント 1　ためフン

まとまったフンはどこだ！

タヌキは１ヵ所にまとめてフンをする習性があるので、フンをする場所を探す。

ヒント 2　巣穴

穴の前に落ち葉を置いて、チェキラ！

斜面にある穴を注意深く観察。落ち葉などを置いて、その変化でタヌキが通るかを探る。

ヒント 3　センサーカメラ

機械に感謝！

そうはいっても肉眼で見つけるのは難しいので、１と２でめぼしをつけたらセンサーカメラをしかけると面白い！　確認のためならネットで売っている安いものでも大丈夫！

林道で偶然、見つけた！

実録！
センサーカメラは
見た!!

2015/11/30 04:56
アナグマ
特徴　長めの鼻と平べったい体が特徴。穴を掘るために前足はムキムキで、爪も長い。

道具
センサーカメラ
しかけ
鳥の死がい

鳥の死がいを見つけたら！

テンは不意に山道で出会ってしまうことはありますが、警戒心が強く、探しても思うように見つかる生きものではありません。でも数が少ないわけではないので、公園に落ちていた鳥の死がいにセンサーカメラをしかけると、写ることがあります。

アライグマやアナグマも夜間林道で出くわすことはあっても、
見つけようと思うとなかなか難しいので、センサーカメラに頼ってみよう。

2015/12/11 22:50
アライグマ
特徴　タヌキに少し似ているけど、白い眉毛みたいな模様ととがった耳が特徴。尻尾がしましま。
2016/01/15 07:24
ハクビシン
特徴　黒くてかわいい顔と長細い体、長い尾が特徴。顔の芯（真ん中）の鼻が白いので「白鼻芯（ハク・ビ・シン！）」
2016/03/18 05:32
テン
特徴　あわ〜い黄色のきれいな毛と、長細いフォルムが特徴。季節によって顔色が変わる。夏は顔が黒っぽくなり、冬は白っぽくなる。

サル

お墓に公園に、けっこういます

DATA

全長　60㎝くらい
見つけやすい季節は、1年中。

Found it!
公園に、ふつうにいた!!

ある日、偶然森林公園でサルに出会う。テレビのニュースなどで見るかぎり、サルのイメージは悪い。人のおみやげをひったくったり、車に侵入してきたり、自分より弱そうな女性や子どもを襲う危険な生きものだと思いこんでいたけど、ぼくが見たサルたちは人を怖がっているようだった。仲間同士で、声を掛け合うようにしてぼくから距離を保ち、ボスと思しきオスがこちらを警戒しているうちに、小ザルやメスたちはあっという間に姿を消した。

あまりにも意外なサルたちの行動に、テレビで見るイメージではない本来のサルの姿を見た気がした。その姿を子どもに見せられないかと思い、探しているが、それからというもの1度も会えていない……。

見つけかた

そう、猿は神出鬼没なんです

生息数は多いけど行動範囲が広いので、素人では場所を特定しにくい。見つけようと思っても、なかなか見つけられないのです。でも、いくつかヒントはあります。

Found it!
墓参り!?
お墓にいた!
Found it!
川にある岩の
穴にいた!

ヒント 1 空砲が聞こえた

追っ払うということは、いるということ

サルによる農作物への被害や人との接触を最小限に抑えるため、森林公園など市街地に近い場所では、サルに発信機をつけて、群れの行動を監視しています。畑などに近づきそうなときは空砲で追い払うので、空砲が聞こえたら、そこにはサルがいるかもしれません。

ヒント 2 食べものがあるところ

墓参りをしているわけではない

サルはいつも食べものを探して移動しているので、季節ごと咲く花や実りを調べるのも、サルに出会える近道かもしれません。たとえば、春にはニセアカシアの花。このニセアカシアの花は甘くておいしいので、サルが大挙して現れ、ムシャムシャ食べていきます。お供えものを目当てにお墓に出没することも多いですよ。

偶然でしか見つからない生きもの

たとえばイタチなんかも……

イタチは本当に見つけにくい。河原で護岸などが崩れて穴が空いているようなところでの目撃情報が多いので、川向こうの護岸がくずれているなーみたいなところで張りこむしかない。石の上など目立つところにフンをするので、いる場所の目安になる。

キビタキ

きれいな鳴き声、美しい色！

公園の生きもの

新緑のなかで、
きれいな声で
鳴いていた！
Found it!
スズメより
少し小さいよ

すっかり森林公園を気に入ったので、週末の愛犬マークの散歩コースに加えた。夏は木陰が多いので、暑がりのマークも大喜びだ。

日中の日差しをさけ、早朝の公園を散歩しているときだった。きれいな黄色い小鳥が目の前でさえずっているではないか。この公園に通い始めて数ヵ月。いろいろな鳥を見るようになっていたが、初めて見るこの美しい鳥。家族にも見せたいと思うのは当然だ。でもこの鳥に、また会える可能性は限りなく低い気がする。

さあ、どうすれば家族にもこのかわいらしく美しい小鳥を見せることができるだろう……。

いついるか？
ゴールデンウィークがベスト！
夏鳥として４月後半頃に渡ってくるので、渡ってきてすぐのゴールデンウィークくらいが探しやすい。
見つけかた
同じ時間に、同じ場所！
もっともよいのは、早朝に鳴き声を頼りに探すこと。枝先など目立つところでさえずるので、鳴き声さえ聞こえれば、見つけるのは難しくないはずです。鳴く場所がわかったら、そこに通い、身を潜めましょう。大きな邪魔さえ入らなければ、毎朝だいたい同じ時間に同じ場所でさえずるので、見るチャンスは多いと思います。
本州に渡ってきたばかりの5月頃が警戒心も一番弱くて見つけやすい。
DATA
全長　14㎝くらい
見つけやすい季節は、初夏。

季節に見られる森の渡り鳥

ルリビタキ
冬
冬
ジョウビタキ
冬
アトリ
オオルリ
夏
冬
ウソ

ヒキガエル

とにかくでっかい！　背中から毒も出すぞ

公園の生きもの

次の娘の標的はヒキガエル。ある絵本のわき役「ガマ君」をすっかり気に入ったらしい。今までなら興味を示すどころか、ヒキガエルと聞いただけで鳥肌を立てていた妻も、ちょっとクールなゲーマーで、学校、塾、ゲームがルーティーンだった息子も、仕事人間で週末は少しでも自宅でゆっくりしたかった私も、今では考えられないくらい生きもの好きになっていた。「じゃ、いつもの公園に相談に行っちゃう？　あの『ぬいぐるみ体形のお兄さん』ならきっと知ってるよ」。

DATA

全長　15㎝くらい
見つけやすい季節は、4月から5月。

よくいる場所

神社や公園の池

繁殖期以外は、森の中を広く行動するので見つけるのは、ちょっと難しいかもしれません。なので、繁殖期に探すのが確実。もっとも見やすいのは山間部に面した神社や公園の池です。

やっとたどり着いたけど、なかなかメスをつかまえられない……

生まれた池に
戻るところを
見つけた！
Found it!
見つけかた
暖かくて
湿度の高い日の夜！
その年の気候で、産卵のために集まる時期は少しずつ違うので、3月頃からネットや公園の掲示板などで情報を集めると、見られるチャンスが広がります。そうしてある程度の時期が絞れてきたら、暖かい日や低気圧が近づいて湿度の高い日の夜に見に行ってみよう。
産卵も見られるよ！
都内の公園でも少しの森と大きな池があれば、ヒキガエルが産卵に来るところも多いので、近所の公園にホームページやブログがあればチェックしてみましょう！
路を歩いて
生まれた池に行くよ。
ひかないでね
目の後ろの耳線から毒を出すことは知られているけど、本気を出すと背中からも木工ボンドのような毒性のある物質をにじませる。

モリアオガエル

くっついたら離れない吸盤がスゴイ！

公園の生きもの

いつ いるか？

鳴き声がしたら そおーっと……

繁殖期である5月始めから6月始め頃なら、昼間でも鳴くので、昼夜を問わず見つけやすい。鳴き声は大きく、離れた場所まで響くので、その鳴き声をたよりにそっと近づき、おおよそのめぼしをつける。

Found it!

木の間で休んでいるところを見つけたよ！

緑色でうまく隠れてる？

つかまえたときに手にくっついて離れない。軽く振り払ったぐらいじゃ離れないくらい吸盤がすごい！

ヒキガエルが見たくて、また公園の「ぬいぐるみ風のお兄さん」を訪ねた。すると、ヒキガエルはふだん森林に住んでいて、数が少ないわけじゃないけど、繁殖期以外はポイントをしぼりにくく、無作為に探して見つかるものではないらしい。「今ならモリアオガエルが繁殖期ですよ。見に行ってみますか？」と教えてくれた。

　最近は、なぜかモリアオガエルが勢力を広げ、山間部で池のある公園や民宿など、どこでも産卵するらしい。

Found it!
繁殖期は
水にも入る
池にもいたよ！
池の上に張り出した木で産卵
見つけかた
泡だらけの
産卵だって見たい
近づくと鳴き止んでしまうことが多いが、
少しの時間静止すると、また鳴き始めるの
で、徐々に距離を詰めて目線よりも少し高
めの木の幹を探す。産卵を見たいなら、
日没後、すぐの時間がねらい目ですよ。
最盛期なら昼間でも産卵してい
ることがあります！
タイミングを見
極めるのが難しい
DATA
全長　7㎝くらい
見つけやすい季節は、
5月から6月。

生きものを見つける旅
いきあたりばったり海外編

ハワイ

パプアニューギニア

ボルネオ島

オーストラリア

マダラヤドクガエル

マダラヤドクガエルとジャクソンカメレオンが帰化しているかを確認する旅

ハワイ

なんとも自然に見つかった！

ハワイにヤドクガエルやジャクソンカメレオンが帰化してしまっているという話を聞き、どうしても見つけたい衝動にかられた。なんの手がかりもないままオアフ島に飛んだ。

レンタカー屋さんや観光案内所で聞いてみたが、「住宅街にいるらしい」といった程度の情報しか得られず、ホノルル動物園に遊びにいく……。

せっかくなので園内を取材させてもらおうと、あいさつに行くと、こころよく取材させてもらうことになった。

ついでくらいの気持ちで、ヤドクガエルとカメレオンの話をしてみると、「ヤドクガエルは園長の自宅に庭にいるから遊びに行け」。この流れで無事見つけることができて、おまけに帰り道に「あそこの林道を歩いてごらん」というアドバイスに従ったらカメレオンも発見。ああ、なりゆきバンザイ！

メガネザルを見つけるジャングルの旅

ボルネオ島

メガネザル

見つけかたのコツは、におい！

せっかくボルネオのジャングルに来たんだから、「メガネザルが見たい」とガイドに頼んでみた。が、「オランウータンとかなら、まあふつうに見せてやれるけど、メガネザルは難しいな……」としぶい反応。「1人で探すから見つけかたを教えてくれ」と頼むと、夜に1人でジャングルを歩かせるわけにはいかないからと、しかたなさそうにロッジのナンバーワンのガイドが来た。

ナンバーワンガイドは、メガネザルが出没するポイントをある程度はしぼりこめるらしい。でも、森は深く探すのがとても難しいから、熟練のガイドでも五感を研ぎすまさないと見つけることは困難だそうだ。

見つけかたのコツは、におい。メガネザルのにおいをかぎ分け、風向きなどから居場所をしぼっていくというのだ。するとあっという間に発見！　驚くほどの早さと正確さだ。「さまざまなメディアが取材に来るが、みんなおれがつかまえて、その辺の木にとどまらせているだけだ。こうして夜中まで一緒に探して、現場で写真を撮ったのはおまえが初めてだ」と喜んでくれた。

これぞ、その道のプロ。

ジャクソンカメレオン

マツカサトカゲと
ニシアオジタトカゲのために
砂漠で干からびかけた旅
オーストラリア
ピナクルズ
ピナクルズ
マツカサトカゲ

ニシアオジタトカゲ

水がないと死にそうになるぞ！

マツカサトカゲとアオジタトカゲを見つけたいから、下調べもせず、いきあたりばったりでオーストラリアに来た。まずはホテルのロビーやレンタカー屋で写真を見せて、聞き取り調査。すると、「ピナクルズにいるんじゃないかな？」とあっさり居場所が判明。ランクル（ランドクルーザー）を借り、地図を頼りに、早速ピナクルズに向かう。少しでも出会いのチャンスを広げたくて、大きな道路からではなく、ひたすら悪路を行く、遠回りルートを選ぶ。悪路の入口でルートがざっくり書かれた地図を買わされ、「長旅だから水分持っていけよ」なんて声をかけられたのに、気が焦っていたのでそのまま悪路に侵入。砂地のヒルクライム（急坂の上り下り）を楽しみつつ、悪路を突き進むが、すぐに道に迷って砂漠地帯から出られなくなってしまった。

半日も砂漠から抜け出せず、干からびかけた頃、めっちゃ改造されたピックアップトラックが近づいてきた。これを逃すわけにはいかない！　必死に手を振り、道を聞こうと呼び止めると、「フ●●キン・ジャパニ――ズ!!」と中指を立てて去っていった。頭にきて、「絶対あのマッチョヤンキー、つかまえてやる！」と必死に悪路を追いかけるおれ。それなりに運転に自信はあったけど、ノーマル車で砂漠はきつい。改造車にはまったく追いつけない……。あきらめかけた頃、目の前にいくつもの木化石が現れた。

あ！　砂漠の迷路から抜け出せた！　その瞬間、車の前に突如として現れたニシアオジタトカゲ！　マツカサトカゲ！　迷路からも抜け出せたし、トカゲたちにも会えたし、まあ、結果オーライってことかな。

ゴシキセイガインコ

こんな公園で？美しいインコに会う!? 旅

1日1600キロも走る、長くハードな生きもの探しの旅をしていると、まあ、それなりにストレスがたまってきて、同行者と小さないさかいは起きるよね。野菜不足でできた口内炎も手伝って、イライラが止まらないぜ。

その日の朝も、ささいなことがきっかけで口ゲンカになり、頭を冷やそうと思って部屋を飛び出す……。

早朝の公園は気持ちがいい！　でも人気がなく、少し不安になりつつ、大きな木を見上げると、郊外の林であんなに探していたゴシキセイガインコが、つがいで毛づくろいをしていた！　生きものとの出会いって、そんなものだ。あ！　モモイロインコもいた!!

近所の公園にふつうにいる！
オーストラリア
パース
パース
モモイロインコ

クオッカしかいなかった
ロットネスト島の旅
オーストラリア
ロットネスト島
ロットネスト島
いま日本でも大人気の……！
めっちゃくちゃ
かわいいぞ！

クオッカ

ロットネスト島に固有のマツカサトカゲがいると聞き、小さなセスナにのりこみ、いざ離陸！　小さなその島の移動手段は自転車のみ。重たい機材を自転車にのせ、猛暑のロットネスト島を、チャリでひた走るおれ。まず何がすごいって、ハエがすごい……。汗をかいたおでこに、ハエがびっしり張りついてくる！　走行中に口を開けたら何匹ものハエが口に飛びこんでくる。そして、マツカサトカゲはいない……。そんな苦しさしかない旅の道中いやしてくれたのが、ちょいちょい現れるクオッカ。かわいいなあと思って、とりあえず写真は撮ったけど、あれから十数年。使うチャンスが来るとは思わなかったぜ。

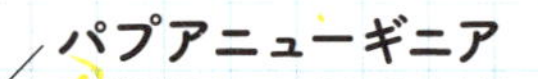
パプアニューギニア

オブロンガー
レア感ゼロの旅

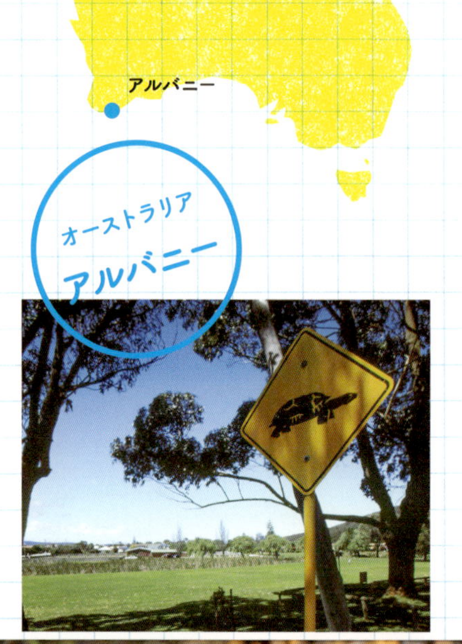
アルバニー
オーストラリア
アルバニー

オーストラリアのある地域に、幻の首長カメがいると聞き、行ってみることに。

現地でなんとなく情報を集めてみて、しぼりこんだポイントは、海にほど近い地域で、川も沼も見当たらず、淡水ガメがいるような場所がわからない。運転とフィッシュアンドチップスとミートパイに飽きて、しかたなく公園で休もうと立ち寄ると、公園の真ん中に大きな池を発見。池をのぞくと、なんとカメの標識が！　まあ、ほかにも首の長いカメはたくさんいるので、オブロンガーとは限らないけど、池を散策すると……めっちゃふつうにいた——！

長ーい首のカメに会えた！
オブロンガー

パプア
ニューギニア
クツワアメガエル
鮮やかな緑がきれいだぜ！

クツワアメガエルしか見つけられなかったパプアニューギニアの旅

せっかくパプアニューギニアまで生きものを見つけに来たのに、全然見つからない。「もう、この際なんでもいいから生きもの、いや、カエルが見たい」と現地の人に相談したけど、「日が暮れると『盗賊』が出るからドライブには出るな」と、1歩も出させてくれない。盗賊対策のため、宿の周辺はヤリやマチェット（ナタ）を持った守衛さんが巡回している。

「そうだ、守衛さんにお願いしてみよう！」と思い、身振り手振りで「カエルいないかな？」と伝えると、ものの数分でクツワアメガエルを見つけてきてくれた。やはり現地の人の目はすごいね。

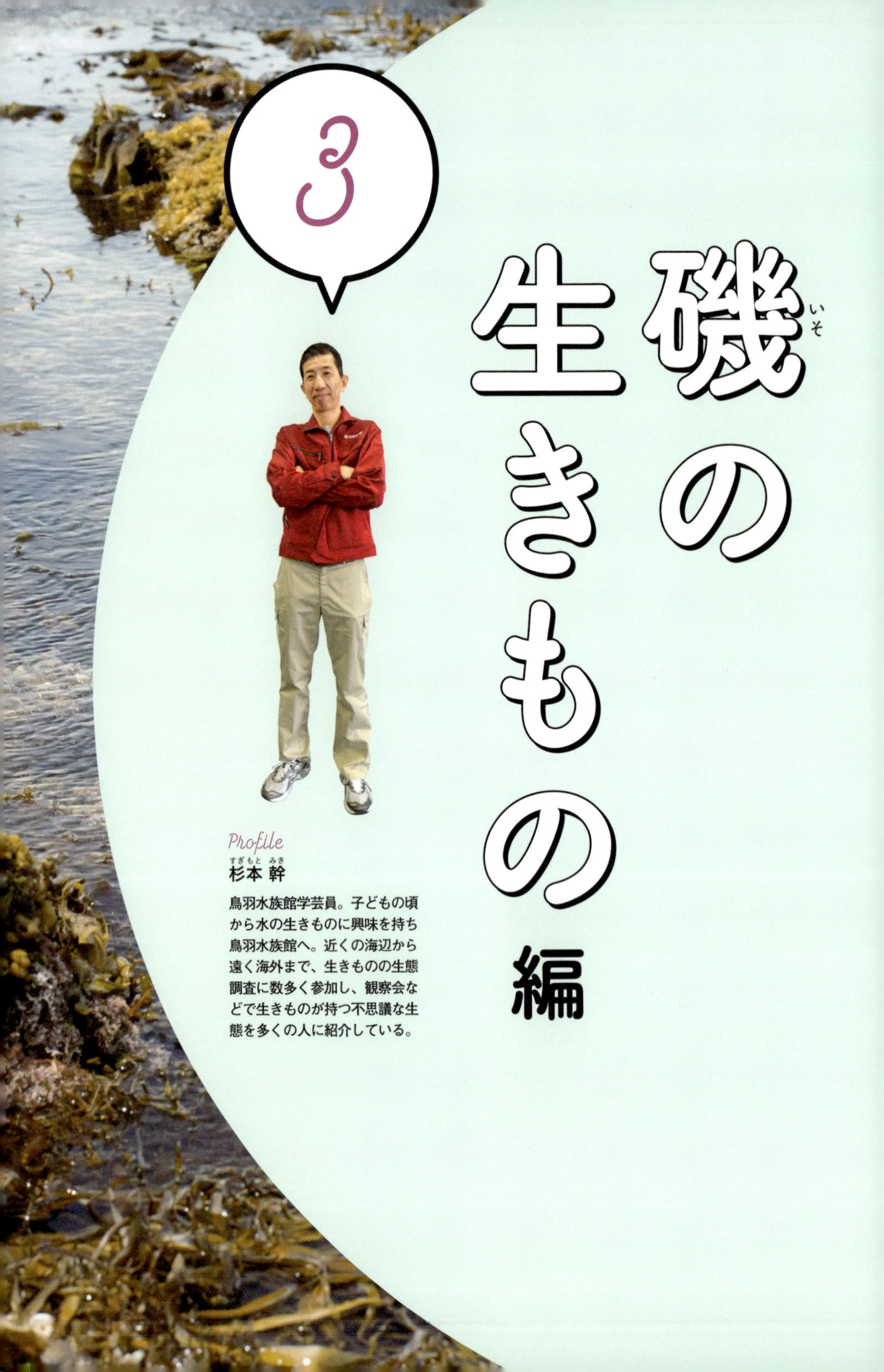
3

磯の生きもの編

Profile

杉本 幹

鳥羽水族館学芸員。子どもの頃から水の生きものに興味を持ち鳥羽水族館へ。近くの海辺から遠く海外まで、生きものの生態調査に数多く参加し、観察会などで生きものが持つ不思議な生態を多くの人に紹介している。

鳥羽水族館

杉本 ならこう見つける！

水族館では、国内外のさまざまな生きものを
飼育したり展示したりしていますが、
展示している生きものの一部は、
わたしたちが港や磯に採集に行った生きものです。
その季節に見られる生きものを
リアルタイムで展示するためにも、
飼育技術と同じくらい、
わたしたちは生きものを見つける目も
持ち合わさなくてはいけません。
また、水族館は展示する生きもののことを
説明するだけでなく、
環境教育の場としての役割も担っていますから、
磯の生きもの教室を開催し、生きものが暮らす環境や
生きものの面白い生態を見てもらうこともあります。
生まれ育った地元の海にたくさんの生きものが
暮らしていることを知って、
環境を大切にする意味を知ってもらうためにも、
誰よりも地元の海を、
そしてそこに住む生きもののことを
みなさんに伝えたいと思っています。

クラゲ

ビニール袋みたいな見た目？

磯の生きもの

ぼくはクラゲが好きだ。水族館に来ると、クラゲの前から離れられなくていつも彼女に怒られる……。でも本当にずっと見ていたいんだ。いつか、自分でも飼いたいとも思っている。

でも、クラゲって一体どこで入手するんだろう？　そんなこと図鑑には書いてないし……。そうして漂うクラゲを眺めていると、いつもエサをあげる飼育員さんがクラゲを持ってやってきた。思いきって「クラゲはどこで買うんですか？」と聞いてみると、「あ〜。このクラゲは、たった今そこですくってきたんですよ」とあまりにも意外な答えが返ってきた。

え？　ど、ど、どうやって見つけるんですか！

ビニールじゃないよ
ミズクラゲ
上から見ていて
岸に近づいたら、
ひしゃくですくう
傘に空気が
入らないように、
水ごとすくう

見つけかた

ビニール袋かよ！

季節によって、見つけられるクラゲは変わります。クラゲは泳ぐ力が弱いので、港や磯にふわふわと浮かんでいたり、潮の流れにのって堤防近くにも次々とやってきたり。ぼんやり水面を眺めてみてください。そして「あれ。ビニール袋？」と思うものがあったら、目を凝らしてみてください。ミズクラゲでしょうね。

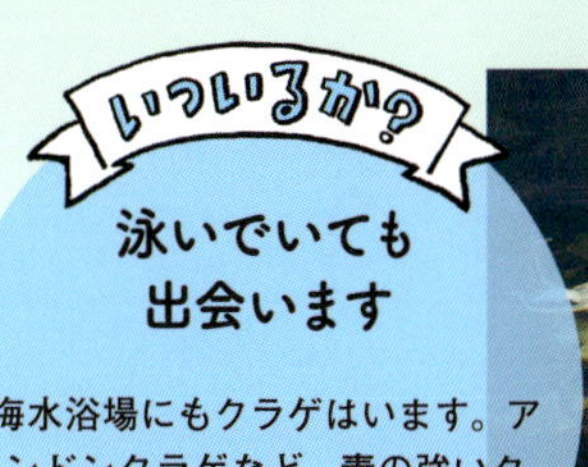
いついるか？

泳いでいても出会います

海水浴場にもクラゲはいます。アンドンクラゲなど、毒の強いクラゲもいるので気をつけましょうね。刺されたら痛いです。

アカクラゲ

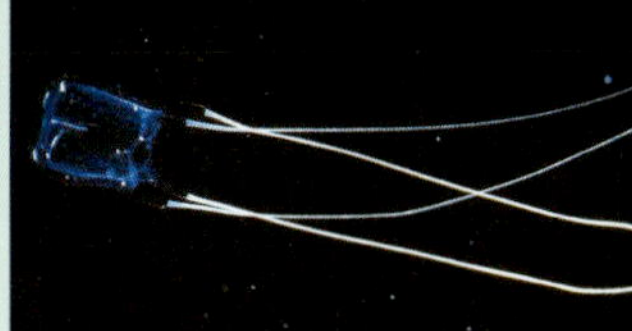

アンドンクラゲ

プカプカ浮いているのを見つけたよ！

Found it!

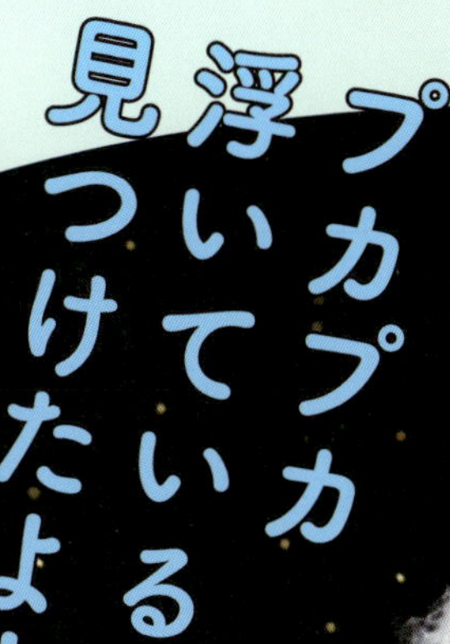

ミズクラゲ

DATA

傘幅　10〜20㎝くらい
見つけやすい季節は、春から夏。

成熟した個体が海の浜辺で多く見られるのが夏頃なので、夏のイメージが強いけど、実はクラゲは１年中海にいる。

タツノオトシゴ

意外とイケメン？

磯の生きもの

よくいる場所

長い尾で、草にからまってます

タツノオトシゴは長い尾で藻や海草につかまって暮らしています。揺れる藻の中に隠れているので、まずは磯近くのアマモ場を探しましょう。干潮時には水面からアマモが見えるので、アマモ場を特定しやすいです。より浅ければ、生きものも見つけやすいので、潮見表で干潮の時間を調べます。潮が大きく引く大潮が狙い目です。

うまづら？

Found it!

アマモにつかまっているところを見つけたよ

しっぽでつかまって流されないように

「タツノオトシゴって、魚なんだってさ。両生類の仲間だと思ってた」とトンチンカンなことを言う彼女があまりにもかわいかったので、ぼくは知ったかぶって、調子にのって図鑑で知り得たタツノオトシゴのことを解説した。すると「へー、面白いね！　ね、ね、じゃあさ、タツノオトシゴって海ではどうやって暮らしてるの？　どうやって見つけるの？　どうやって水族館に連れてきたの？」と聞いてくる。

さあ……。どうやって見つけるのかまでは知らないな。勉強しなおします。

見つけかた

じーっと見つめるしかないの？

アマモ場のどこにいるかまではわからないので、くまなく探すしかありません。ただ、目で見るのは限界があるので、網で丁寧にアマモの間をすくうのをおすすめします。

変わった形の生きものなので、何の仲間？　エビ？　虫？　イモリ？　いいえ。正真正銘、魚の仲間。

DATA

全長　８㎝くらい
見つけやすい季節は、春から夏。

ヨウジウオ・オクヨウジ

細すぎて、見逃しそう！

磯の生きもの

「この、ほっそーいのも魚なんだって。エビかと思ったよね〜」「あ、でもヨウジウオって、名前にウオってついてる！」と、またトンチンカン発言連発の彼女がとてもかわいかったので、ぼくはふたたび知ったかぶった。調子にのって図鑑で知り得た情報を解説した。すると「へー、やっぱりよく知ってるね！」「ね、ね、ヨウジウオを探したい！　今から海にヨウジウオを見に行こうよ」。

あ、えっと、見つけかたは図鑑に出てなくて……。ちょっと、飼育の人に聞いてみますね。

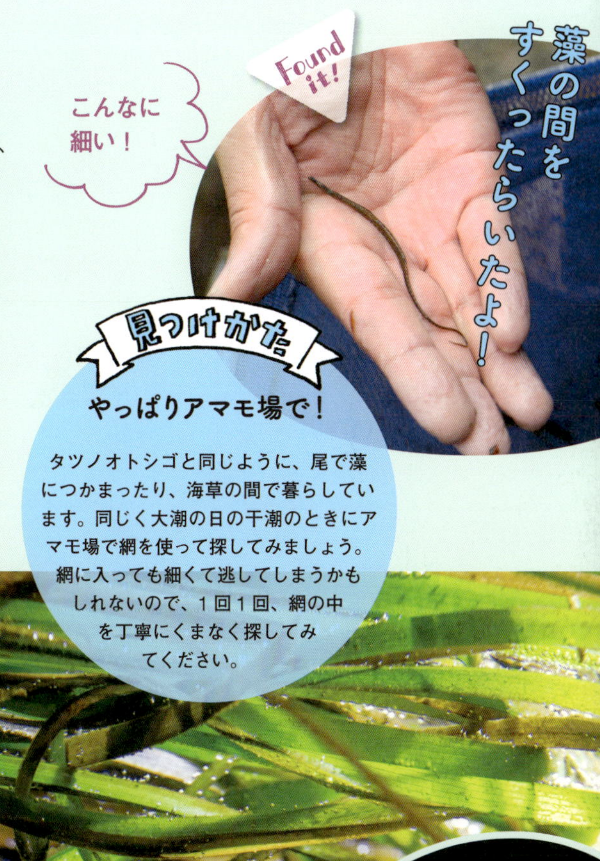

Found it!
こんなに細い！
藻の間をすくったらいたよ！

見つけかた

やっぱりアマモ場で！

タツノオトシゴと同じように、尾で藻につかまったり、海草の間で暮らしています。同じく大潮の日の干潮のときにアマモ場で網を使って探してみましょう。網に入っても細くて逃してしまうかもしれないので、１回１回、網の中を丁寧にくまなく探してみてください。

細長い口とキラキラな目がかわいい

DATA

全長
オクヨウジ　13㎝くらい
ヨウジウオ　25㎝くらい
見つけやすい季節は、春から秋。

タツノオトシゴと同じで、メスがオスの育児嚢（子を育てる袋）に卵を産み、オスが出産する！

アマモ場では こんな 生きものも 見られるよ！

岸から近く、陽もよく当たるアマモ場は、
さまざまな生きものの隠れ場所。
2本の網で、藻のすきまをすくうと、
いろいろな生きものを見つけることができる。

コシマガリモエビ

藻と同じ色で、藻につかまっているとまったくわからない。

ヒメイカ
こんなに小さい！目視は、難しいから網ですくって見つけよう。
カズナギの稚魚
ヒメイカやヨウジウオを探していると、偶然、網に入ってくるよ！
眠るときは、流されないように口で藻につかまるよ。
アミメハギ

タコ

とにかく頭がいいんだ！

展示水槽だけじゃなくて、タッチコーナー（触れるところ）にタコがたくさんいたね。「スーパーでも酢ダコとかって、いっつも売ってるくらいだから、その辺の海にもたくさんいるのかな？」とまたちょっとトンチンカン発言だけど、口をとんがらせて古臭いタコの顔マネをしながら話を続ける彼女はやっぱりかわいい。タコのことならまかせとけ！　だって子どもの頃、海でつかまえたことだってあるんだ！　ぼくは、またまた調子にのってタコのことを解説！「えー、そうなの？　じゃあ本当に海に行って見つけようよ！」。いいね〜。じゃあ、チョット飼育の人に見つけかたを確認してくるね。

いついるか？

潮だまりのできる干潮に！

タコは潮だまりなどで、わりとふつうに見られますが、満潮では海に入ることすら困難です。思いつきではなく、潮だまりのできる干潮の時間を調べてから、磯に向かいましょう。

見つけかた

頭がいい、隠れ上手

かなりの隠れ上手で、岩のすきまに隠れて海藻がついた岩と同じ模様になっています。見慣れていないと目で探すのは少し難しいですが、不自然に開いた二枚貝が落ちていたり、岩に少しでも違和感を覚えたら、そこをジッと見てみましょう。

手がかり

不自然な波が見えたら……

イボイボの吸盤が少し見えたり、ロートから出る水流で水面に不自然な波が立つので隠れているのがわかりますよ。

吸盤は、つねに脱皮してきれいなので吸着力が落ちない！

マダコとミズダコは、食材としては夏と冬が旬。茹でても揚げてもいいけど、トマトと煮込むと一番うまい！

開いた二枚貝が落ちていたら？
岩のすきまでロートが動いたら？
目の上にある、
まあるくて頭と
思われているところが、
胴体!!
Found it!
そこにはタコがいる!
DATA
全長　60㎝くらい
見つけやすい季節は、
ほぼ1年中。

そのほかに、潮だまりで見られる生きものの見つけかた

岩をひっくり返すといる生きもの

下にくっついてはがせないような岩を無理にひっくり返しても、生きものはあまりいません。岩の下に手が入る、すきまがあるような岩を狙います！

ナマコ
ダイナンギンポ
イトマキヒトデ
クモヒトデ

干潮で水しぶきがかかるぐらいの水際にいる生きもの

満潮時は水中で、干潮時には少し水しぶきがかかるような場所を探します。より水際にはイソギンチャクが、しっかり乾燥するくらい上のほうにはフジツボなどが見られます。

カメノテ　ヨロイイソギンチャク　フジツボ

イソクズガニ　ダイダイウミウシ　カンガゼ

イボトゲガニ　ヤツデヒトデ　バフンウニ

海藻がしげっているような場所にいる生きもの

このような場所には、イソスジエビやアメフラシなどが隠れています。海藻の影になるような岩場では、ウミウシの仲間も多く見られます。

アメフラシ
イソスジエビ
ミノウミウシ
クロウミウシ
アオウミウシ
ミドリイガイ
コモンウミウシ
シロウミウシ
ムカデウミウシ

潮が引いたあとの潮だまりにいる生きもの

ここにはいろいろな魚が取り残されているので面白いですよ！　見つけかたは、なるべく動かず、ただジーッと水面を眺めるだけ。しばらくすると、生きものたちが動き出すので、すぐ見つかります。

ハオコゼ
クサフグ
カゴカキダイ
ドチザメ
ゴンズイ
メジナ
ミナミハコフグ
ニシキベラ
カワハギ
ソラスズメダイ
キタマクラ
キヌバリ

カニ

海の近くの林にある穴が巣！

コメツキガニ

磯の生きもの

カニってロボットみたいでかっこいいよね。でも、磯で探しても3㎝ぐらいの小さいカニしかいないんだよ。大きくて赤いのとか、片ウデがやたら大きいのとか、目が長いのとか、テレビで見るようなカニっていないものなのかな？

ベンケイガニやアカテガニは林に穴を掘って暮らしている。ベンケイガニは海に近い湿ったところを好む。よく似たアカテガニは水辺から離れた場所でも見られる。

見つけかた

ベンケイガニとアカテガニの巣穴の特徴

海に近い林などに穴が空いていたら、そこはカニの巣穴。昼間は隠れていることも多いから、夜に行ってみて（夏の大潮の満潮時には昼間でも巣から出てくることが多いよ）。

Found it!

西表島の湿った林道で見つけた！

夏、繁殖期を迎えると大群で道を渡ったりするので、南西諸島では、ひかずに走るのが大変。

ベンケイガニ

DATA

甲幅　3.5㎝くらい
見つけやすい季節は、夏。

見つけかた

シオマネキとかコメツキガニなら
南西の島へ行け！

シオマネキは、一部神奈川以南にいるけど、本気で見たければ南西諸島に行くのが確実だ。南西諸島でマングローブ林などの干潟を見れば、手をブンブン振っている姿に会えるよ。警戒心が強く、近づけば必ず巣穴に逃げてしまうので、見つけたらとりあえずどんどん近づいて、巣穴が肉眼で見える距離にどかっと座り、出てくるのを待とう！

Found it!

マングローブ林にいた!!

片方のハサミが大きい。大きいハサミをガンガン振って求愛することで知られる。左のハサミが大きい個体も右のハサミが大きい個体もいるけど、右派が多い。

ヒメシオマネキ

DATA
甲幅　3㎝くらい
見つけやすい季節は、夏。

コメツキガニの仲間は
砂の中の有機物を食べて
残りの砂を丸めてポイする

Found it!

小さな穴の中にいた!!

見つけかた

コメツキガニの目印は
砂だんご！

コメツキガニは砂のだんごを目印に近づき、シオマネキ同様にどかっと座って巣穴から出てくるのをジッと待つ。南西諸島のミナミコメツキガニもかわいいよー。

ミナミコメツキガニ

カニだけど横歩きではなく、ほぼ前に進む！

DATA
甲幅　1.5㎝くらい
見つけやすい季節は、夏。

4 南西諸島の生きもの編

Profile

木元侑菜（きもとゆうな）

奄美のアクティブレンジャー。生きもののいそうな雰囲気、音、動き、においなどの手がかりを頼りに身近な生きものを探すのが楽しい。わずかな気配も見逃さない！

アクティブレンジャー

木元 ならこう見つける！

環境パトロールや自然解説、
希少生物の調査研究や保護対策など、
自然の現場での実作業が
アクティブレンジャーのお仕事です。
日々、市街地から山奥、林道、渓流、海岸まで、
さまざまな場所で生きものを探し、見つけています。
まあ、私は生きものに出会うのが嬉しくて、
休日も生きもの探しばかりしていますけどね（笑）
生きものを見つけるのに大事なのは、鳴き声や足跡、
フンや食跡といった生きものの痕跡（こんせき）を見逃さないこと。
その痕跡をもとに、「生きものがこの辺りにもいるな～」とか、
「多い？　少ない？」などじっくり考え、
生きものの発見につなげていきます。
私の勤める野生生物保護センターには、
観光客のみなさんや、動物カメラマン、
動物の調査員など、さまざまな人が来ます。
調査結果に基づき、生きものとの事故を防ぐＰＲや
子どもたちとの観察会などで、
生きものたちの暮らす自然のすばらしさや
大切さを正しく伝えるため、仕事の後や休日に
生きものを見つける技を磨いています！

アマミイシカワガエル

穴にひょっこり現れる

南西諸島の生きもの

Found it!
深くもぐれる
穴が好き
水抜き穴で見つけたよ!!

子どもの頃から生きものが好きで、小学生の頃に初めて買ってもらった図鑑でイシカワガエルに出会う。

その美しさに「日本にこんなカエルがいたのか！」と衝撃を受け、このカエルに会うために南西諸島に来るのが長年の夢だった。

あれから10年。大学生になり、運転免許をとったぼくは春休みを利用してさっそく単身、奄美大島にのりこんだ。

しっかり日本のカエル図鑑だって持っているし、レンタカーも借りた！

でも、機内で日本のカエル図鑑を熟読していて気づいた。ん？　見つけかたまでは図鑑にはのっていないぞ。どう探しはじめればいいんだろう……。

渓流の岩のすきまで鳴いていた!!

クォ――
クォ――

繁殖期は
「クォ――」という
甲高い声で鳴く

Found it!

見つけかた

現地で地図をゲット！

本当は現地に向かう前に、おおよその生息地などを下調べしていくのが理想ですが、いきあたりばったりもワイルドで素敵です。その場合は、まず現地で地図を手に入れ、渓流のある山間部を見つけ、その付近の林道を車でゆっくり走ってみましょう。雨の日なら林道に飛び出してくることも多いので、簡単に見つけられるかも。

手がかり

鳴き声に耳をすます

2月から4月の繁殖期は鳴き声を頼りにすれば、比較的簡単に発見できます。少しの鳴き声も逃さないように車のステレオは切り、窓を開けます。鳴き声が聞こえたら車を止め、その周囲を散策することを繰り返します。

よくいる場所

林道にある水場を！

昼間や晴れた日は道路に出ることは少なく、渓流にいます。昼間のうちに林道を走り、散策できそうな渓流や道路に水が滴っている場所を探しておき、夜になったらその周囲を散策します。道路の護岸に水抜きのパイプがあったらその中を見てみるのも有効な手段です。

DATA

体長　10㎝くらい
見つけやすい季節は、1年中。

沖縄に生息するオキナワイシカワガエルと同種とされていたけど、2011年に「アマミイシカワガエル」として独立した！

ハブ

ハブ

危険！　夜道で出会う確率高し！

南西諸島の生きもの

DATA
体長　2ｍくらい
見つけやすい季節は冬以外。
Found it!
夜の林道で見つけた!!
このハブ……怒ってるぞ……（ハブはかむ前に一瞬、身を引く）
ハブ
太くて筋肉質なハブは、射程距離が長いのでとくに注意！

タンパク質を溶かして組織を破壊するという、猛毒を持っている。奄美のものは血清の効果が弱いというウワサも……。

イシカワガエルのことばかり考えていて、すっかり忘れていたけど、奄美大島には、おおっきなハブがいるんだったよね。

怖いからわざわざ見つけたいわけじゃないんだけど、不意に出会ってしまうととても危険だし、ハブに見つけられるよりも、先にこっちがハブを見つけたいから、見つけかたを知りたいな〜。だって元気に安全に、カエル探しがしたいんだもん。

ヒメハブ
ヒメハブは
水路などにも多い
湿度の高い日は
道路にいます
スネークフックで
つかまえる

よくいる場所

家にあがりこむ……

ホンハブは山間部から市街地まで、どこにでも潜んでいて「家にあがりこんだ」なんていう話もよく聞きますが、行政によるハブ買取りの効果もあってか、数が減ってきています。見つけようと探しても簡単には見つからなかったりするんです。まあ、そうはいっても林道で、2m近い大きなハブを見ることもありますから、油断大敵なんですけどね(笑)

見つけかた

真っ暗な林道を車でゆっくり

ホンハブを見つける一番有効な手段は、湿度が高い日の夜に、山間部の林道を車でゆっくり走ること。日没後すぐ、ちょうど真っ暗になった頃が多く見られるように感じます。そして、カエルが集まるような水辺にはヒメハブが見つかります。数も多く、ヒメハブのほうが確率的には危険かもしれません。どちらにしろハブに噛まれ、対処が遅れると取り返しのつかないことに(毒により手や足を失うことも)。ホンバブだけでなく毒ヘビには要注意です。

不意の出会いはなかなか避けられませんし、やはり危険ですから、森に入るときは長ぐつをはき、歩く先や、手をつく先に常に注意して行動しましょう。先に見つけて、こちらから近づきすぎたり追い詰めたりしないかぎり、わざわざ追いかけてはきませんからご安心を。

ハブはどんな動きをするかわからない。慣れない人は、たとえスネークフックでもつかまえたりしてはいけない。

アマミノクロウサギ

ヒントは「新しいフン」と足跡

南西諸島の生きもの

よくいる場所

車は超ゆっくりの速さで

アマミノクロウサギはマングースの駆除が成功しているからか、少しずつ増えているみたい。突然、林道に出現することも多く、事故も多発しているので、闇雲に林道で車を走らせるのは困ります！　林道を走るときは、あくまでもゆっくり、生きものが飛び出しても止まれる速度に。私はウサギが出そうな地域は歩くくらいゆっくり走るようにしています。

見つけかた

新しいフンはどこだ？

見つけかたとして有効なのは、昼間のうちに林道を走り、フンを探すことです。なるべく新しいフンがある場所のほうが出会える確率が高いです！　ためフンがあっても、古い粒しかないなら最近は来ていない証拠です。

新しめのフンを探そう

あ！

夜はこんな感じで道路に出てくる

体の色が黒いので道路と一体化して見える……？

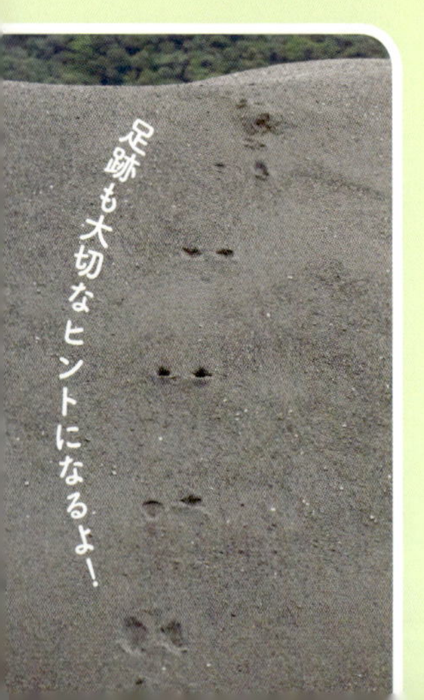

足跡も大切なヒントになるよ！

手がかり

「クロウサギに注意」の看板に注意

「クロウサギに注意」の看板がある林道には当然クロウサギが多いので、それを目指すのもひとつの手。そして昼間のうちに目星をつけた林道を、夜ゆっくり走れば、道路にクロウサギが出てくれるはず。最近はクロウサギ目的で、夜の林道に車が増えた気も……。事故防止のためにも、1～2匹見たら深追いせずに林道から離れてもらえるとうれしいです。

イシカワガエルはなんとか見られたし、せっかく奄美大島に来たんだからアマミノクロウサギってやつを見てみたいな。

でも天然記念物として子育てが絵本になるぐらいの希少生物だもん。そう簡単には見つけられないだろうな～。

生きもの好きとしては、そんな希少な生きものがいる山で闇雲に林道を走りまわるのも気がひけるし……。

そうだ！　野生動物保護センターってのがあったな。ちょっと行って、いろいろ聞いてみよう！

Found it!
夜の林道で見つけた!!
ぴー
ぴー
体はまるっこい
顔は面長なものとか、丸顔なものとか、容姿はいろいろ
どんくさいから逃げ足は遅め。ダッシュは速いけど
鳴き声でコミュニケーションをとる。鳴き声は「ぴー」と口ぶえみたい。

DATA

体長　50㎝くらい
見つけやすい季節は、1年中。

アマミヤマシギ

天然記念物だけど、どんくさい？

南西諸島の生きもの

クロウサギの多さには驚いた。ふつうに林道を走っただけで６匹も見てしまった。でも、何匹見たと自慢するのではなく１匹でも見られたら、深追いしないで林道を離れてほしいという言葉を忘れないようにしようと思う。

そういえば、クロウサギに会った夜の林道に大きな鳥がいて、なかなか逃げないもんだからすごく近づけたんだけど、あれはなんていう鳥なんだろう？

ガイドブックを見てみるとアマミヤマシギに似てるな……。でもこれも天然記念物って書いてあるぞ。そんな簡単に見つかるわけないよね。アマミヤマシギだったとしたら、また見つけたいな〜。見つけかたってあるのかな？

夜の林道で見つけた!!
昔は地元の人が素手でつかまえてたらしいよ
Found it!
けっこう太った丸いイメージ
やたらクチバシが長い
調査のため、許可をもらって捕獲するときは、車でゆっくり流しながらタモ網でつかまえる……。

路肩に
じっとしている
ことが多い
ガードレールの上で
路上の虫を
つかまえようと
かまえている

見つけかた

林道の路肩に！

アマミヤマシギも、夜間林道をゆっくり走れば、必ずといっていいほど出会えるでしょう。路肩にいることが多いので、ゆっくり周囲に目をこらす必要があります。車から降りたり、徒歩で近づくと、すぐに逃げてしまいます。車から観察するとけっこう近くまで行けるので、驚かさないようにじりじりとゆっくり近づくこと。道路から飛んで逃げても車の前方の道路にふたたび降りることが多いので、車で追いかけるようなことはやめましょう。

DATA

全長　35㎝くらい
見つけやすい季節は、1年中。

「リュウキュウコノハズク」も多いよ！

同じように林道を夜走っていてよく見る鳥に、リュウキュウコノハズクがいます。
リュウキュウコノハズクは道路に出る虫などをとるため、急に飛び出してくることが多くて、事故によく遭うので注意して走ってくださいね。

ルリカケス

「ギャーギャー」うるさい鳴き声がしたら……

南西諸島の生きもの

Found it!
森の中、鳴き声のするほうで見つけた!!
ギャーギャー
巣材を運んでいるよ

見つけかた

カラスみたいな鳴き声

ルリカケスは山間部に住み、警戒心はそれほど強くありません。天然記念物に指定されていますが最近は数も安定しており、森林公園でもよく見られます。山際の民家などで、営巣することもある奄美大島では、比較的身近な鳥といえるでしょう。見つけかたは鳴き声。カラスに似た「ギャーギャー」という、目立って汚い声で鳴くので、すぐにわかると思います。鳴き声のするほうをしばらく見ていると、きっと現れてくれるでしょう。

ルリカケスも天然記念物なの？奄美大島って天然記念物が多いな。島に来るまで、ルリカケスなんていう鳥を知らなかったけど、いろいろなところでモチーフになっているし、せっかくだから見たいよね。

答え

ルリカケスはくちばしと尾（長い！）の先が白い。イソヒヨドリはサイズがひとまわり小さくて特徴がない。
左：ルリカケス
右：イソヒヨドリ

クイズ
違いがわかるかな？
イソヒヨドリとそっくり!!

夜は電線で寝てた！

Found it!

電線や枝先で眠るのは
ハブから
身を守るためのワザ

zzz…

よくいる場所

電線は安全！

夜の林道では電線に止まって寝ていることも多いです。クロウサギなどを探すときに少しだけ電線を意識して見ると面白いですよ。

「天然記念物」と聞くと希少に思うかもしれないけど、公園や民家の軒下などでも営巣する身近な鳥。

DATA

全長　38㎝くらい
見つけやすい季節は、1年中。

「オオトラツグミ」はなかなか見られないけど……

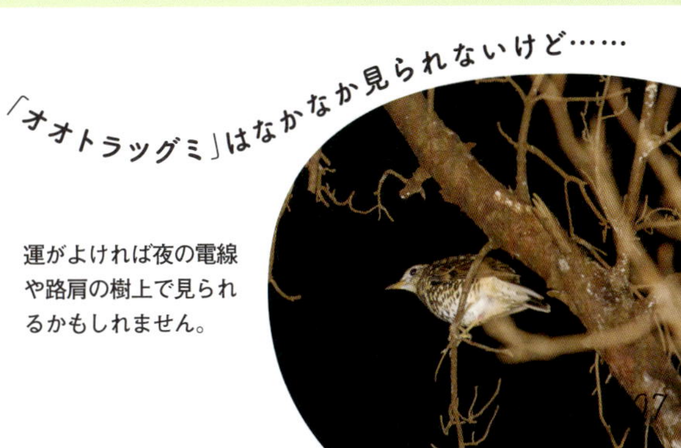

運がよければ夜の電線や路肩の樹上で見られるかもしれません。

キノボリトカゲ

木に登っているトカゲ……です

南西諸島の生きもの

ちょうどイシカワガエルの美しさに衝撃を受けた小学生の頃。ホームセンターのペットショップで、キノボリトカゲっていうのを見たことがあった。
　たしか奄美大島産って書いてあったな。日本にあんな緑色のドラゴンみたいなかっこいいトカゲがいるんだと思って、親にせがんだけど買ってもらえなかったな〜。せっかくだから見つけたいなぁ。

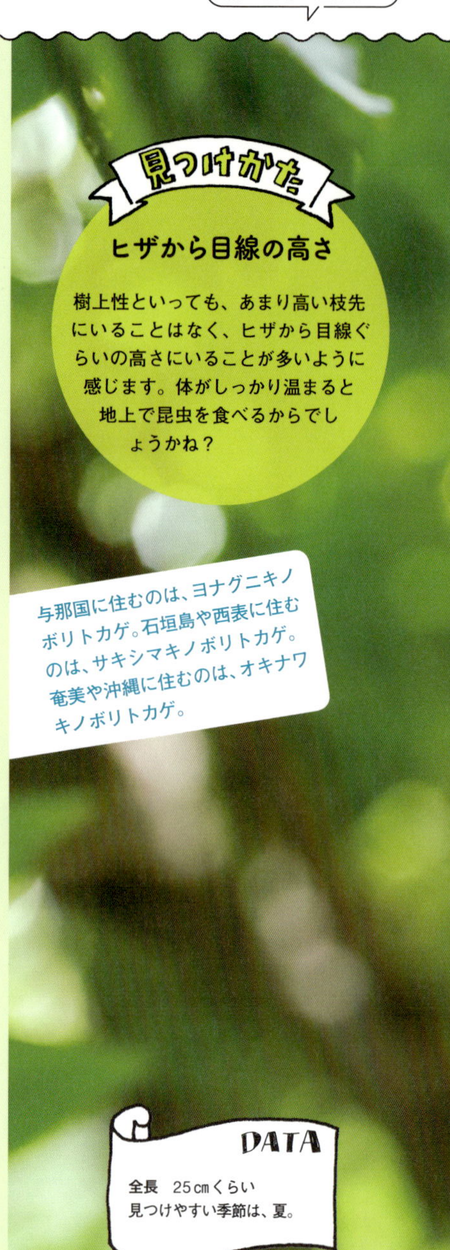

ジロッ
木の裏に
隠れるのが得意

見つけかた

ヒザから目線の高さ

樹上性といっても、あまり高い枝先にいることはなく、ヒザから目線ぐらいの高さにいることが多いように感じます。体がしっかり温まると地上で昆虫を食べるからでしょうかね？

与那国に住むのは、ヨナグニキノボリトカゲ。石垣島や西表に住むのは、サキシマキノボリトカゲ。奄美や沖縄に住むのは、オキナワキノボリトカゲ。

手がかり

朝、日の当たっている木に

キノボリトカゲは樹上性で、太い木の幹にいることが多いです。晴れた日の朝に、日の当たっている樹を探してみましょう。

DATA

全長　25㎝くらい
見つけやすい季節は、夏。

Found it!
あまり上には
登らないよ
葉の上で
ゆらゆら揺れて
寝るのが好き
子どもは
茶色っぽいのも
いるよ

木の上で見つけた！

よくいる場所

**まるで
ハンモック！**

夜はなぜか細い枝や葉っぱの表面で風に揺られながら寝ています。高さはやはりヒザから目線ぐらいなので、見つけやすいですよ。

サソリモドキ

独特なにおいを発射！

南西諸島の生きもの

森を歩いているとき、何度かすっぱいにおいがした。そのときはにおいの正体がわからなかったのだけど、奄美に来た記念にと空港で買った奄美の生きものの本にその答えがあった。別名をビネガロン……。

サソリモドキが、あのにおいの正体だったのか。なんてかっこいいビジュアルなんだろう。見たかった……。自分の無知さを恨むぜ。

見つけかた

ヒメハブにも要注意

石の裏にはヒメハブがいる可能性もあるので手を入れるときは慎重に……。ひっくり返すときは引きずらないで素早く持ち上げ、さっと横にずらすのがコツです。ひっくり返した石は生きもの観察が終わったら元どおりに戻しましょうね。

よくいる場所

石をひっくり返したら……

サソリモドキは石や倒木の裏などにいます。土がふわっとやわらかく適度に湿った森で、手頃な石をひっくり返してみましょう。

※重くて動かないような石よりも手頃なものを探します。

ギャッ！
石をひっくり返すと
身をちぢこめて
いる！

Found it!

石の下にかくれてた！

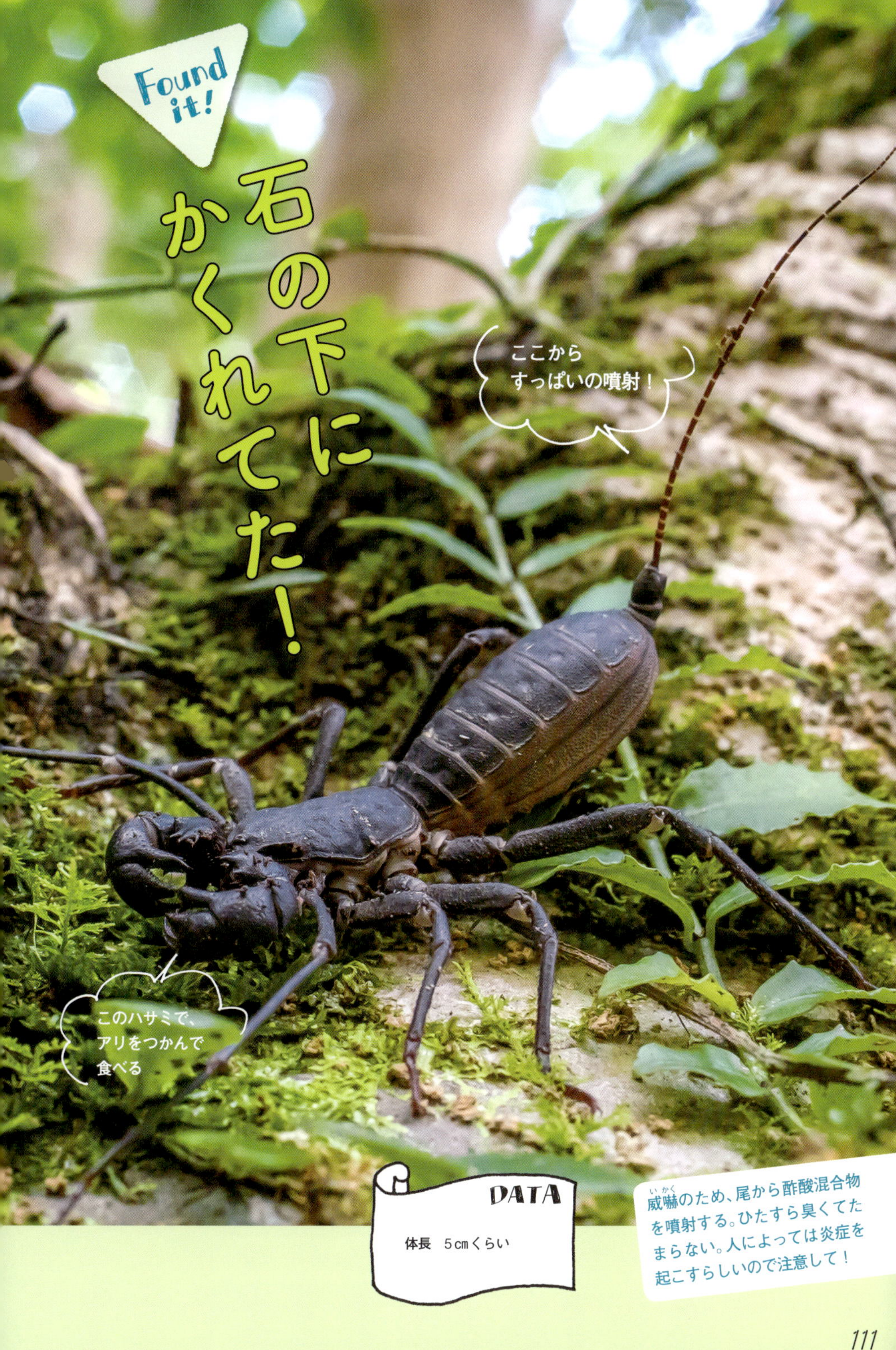
ここから
すっぱいの噴射！
このハサミで、
アリをつかんで
食べる

DATA

体長　5㎝くらい

威嚇のため、尾から酢酸混合物を噴射する。ひたすら臭くてたまらない。人によっては炎症を起こすらしいので注意して！

ウミガメ

有名な「ウミガメの産卵」だって見てやるぞ！

南西諸島の生きもの

ウミガメもかよ！　ウミガメまでいたのかよ！　ぼくは帰りの飛行機の中で、思わず身もだえた。まったく思いもしなかった。ウミガメがいるなんて。あぁ〜。本当に自分の無知さをこれほど恨んだことはない。ん？　でもよく読むと春先にはいないみたい。夏か！　夏だな！　待ってろウミガメ！　夏にふたたびやってくるぞー。

いついるか？

産卵の準備かな？

夏になると産卵のため海岸にやって来ます。夜、浜に上がるときはとても神経質なので生きものに影響の少ない赤いライトを必ず用意します。

DATA

甲長　1mくらい
見つけやすい季節、親5〜8月、子7〜10月。

生きものには赤いライトを！

アカマタの近くに？

カニやアカマタは子ガメを食べるためカメの孵化に敏感なので、浜に大きなアカマタがいればそれはもしかしたら子ガメが現れる合図かもしれません。

Found it!
アオウミガメの子ガメが出てきた！

アオウミガメの子ガメ

Found it!
アカウミガメ
夏の夜
砂浜にいた！
見つけかた
地元人に聞け！
ウミガメが浜に上がるのは日没から深夜の満潮のとき。いきあたりばったりでタイミングよく出会える可能性はとても低いです。自力で探すよりも、地元の観察会に参加することをおすすめしますよ。観察会はウミガメの専門家が、時間・潮・気候・前回浜に上がってからの日数などを考えて、条件にあう日に開催するので、見られる可能性が高いのです！
赤いライトで砂浜を歩き、足跡を見つけたら、その跡をたどる。
アカウミガメの足跡を発見！
砂がすこし、へこんでいたら……
よくいる場所
へこんだ砂を見る！
ウミガメは産卵から約2ヵ月ほどで孵化します。8月の終わりから9月の日没から数時間砂浜をひたすら歩き、産卵後の砂がへこんでいれば孵化した子ガメが出てくるかもしれません。
アカウミガメは肉食系。
アオウミガメは草食系。

さらに南西諸島で見られる希少な生きものたちを独断と偏見で選んで見つけかたを紹介します

こんなに人の暮らしの近く
にいる！　警戒心も弱い！

日本にサソリがいるんですよ。それは誰でも見つけたいですよね。

ヤエヤマサソリは、石垣島や西表島の森で落ちている朽木を探します。湿りすぎず、乾きすぎず、ボロすぎず、硬すぎず、樹皮が残っている、そんな朽木を見つけたら、そっと皮をはいでみましょう。小さすぎて見落としてしまわないように慎重にほじると見つかります。１匹いれば、それは条件のいい朽木なので、もっとほじくればたくさん隠れているかもしれませんよ。

１匹いれば何匹も……！！
その奥に
もう少しいるかも！
ヤエヤマサソリ

カンムリワシ

真下に来られると
さすがに
気になるな……
じーっ
地元の小学生が知っている！

飛ぶ姿、さすがにかっこいい！
高い電柱の上で獲物を探し、見つけると、サッと飛び立つ！

具志堅用高のニックネームとしても知られるカンムリワシ！　絶対見つけたいですよね。

石垣島や西表島で、まずはレンタカーを借りて島を一周します。電柱の上に大きな猛禽類が止まっているのが見えたら、離れたところでまずは車を止め心を落ち着けて窓を開けます。速度ゆっくりめで一定に保ち、不審な動きをしないで、すーっとその電柱に近づきます。間近に車を止めて、車からのぞけば、おそらくすぐには逃げずに、こっちを凝視してくることでしょう。それでも逃げなそうなら、車から降りて、もっとよく見られるかもしれませんよ。

地元の小学生などに聞くのも有効な手段です。カンムリワシは身近な人気者なので「〇〇小学校のうらの木にいつもいるよ」「〇〇小の前の電柱にいっつもメスがいて」「オスは学校の裏の木にいるよ」などと、詳しい情報をもらえるかもしれません。

昼間でも
ふつうに
活動中
ヤエヤマオオコウモリ
昼、イヌビワを食べているよ

　奄美大島にコウモリはたくさんいるけど、オオコウモリはいないんです！　驚きでしょ！ということで沖縄本島や先島に行くと、つい探しちゃいます。オオコウモリを見つけるには熟れたイヌビワなどの木の実を探します。夜行性と思われがちですが、昼間でもおいしそうに食べているところを見られますよ。

イヌビワなどの実が熟れてきたら、その木が探しポイント！

全身が見えていれば、
ヘビとわかる！

キクザトサワヘビ
頭だけ出していると、
見つけるのは難しい！

ハープタイル（両性・は虫類）マニアのアイドル「トカゲモドキ」が日本にもいるなんて、考えただけでワクワクしますよね。日本には5種類のトカゲモドキがいますが、すべて天然記念物で飼うことはできません。でも、野生で暮らす姿を見てみたいですよね！　モドキはすべて南西諸島に分布しますので、まずは見たいトカゲモドキの住む島に行きます。トカゲモドキは暑いのが好きみたいで、肌寒いと出現率が減ります。真夏がベストシーズンです。蒸し暑い真夏の夜に林道を歩いて、路肩の少し草がかぶったような場所がねらい目ですよ！

徳之島の
オビトカゲモドキ。
小さいくて素早い！
オビトカゲモドキ

真夏の夜の林道
久米島の
クメトカゲモドキ
大きくてキレイ！
クメトカゲモドキ

マニアに人気のサワヘビ

ちょっとマニアックですが、サワヘビに憧れている人って多いですよね。希少な生きものたちなので、念のためピンポイントで場所が特定できる情報を掲載するのは控えさせていただきますが、どうしても出会いたい人は、まずおおよその生息地をネットなどで調べて、地図と照らし合わせておくといいでしょう。見つけに行く場所は名前のとおり沢なので、胴長がおすすめです。ほぼ1年中見られるようですが、夏は午前11時頃からと日中の発見例が多く、秋冬は夜間に発見される傾向にあるようです。
あとは運次第……！

セマルハコガメ

パイナップル畑に！

日本で唯一のハコガメ！素敵すぎます。セマルハコガメは湿った陸地を好むので、湿った森林の側溝などを探します。またサトウキビ畑やパイナップル畑などの耕作地に現れることも多く、大きな公道を渡ってることもあるので運転には注意です。

石垣島と
西表島にいるよ

天然記念物だから、さわっちゃダメ！ぜったい！

サキシマカナヘビ

石垣島と西表島、
黒島にもいるよ

草に同化して見える！

鮮やかなグリーンで細面のハンサムトカゲ、かっこいいです。木よりも草が好きで、草むらのイネ科の植物やギンネムなどに隠れています。

道路を歩いてた、先島諸島にいるスジオナメラ。

サキシマスジオ　200センチ
アクティブレンジャー木元　150センチ

木の上にいることも！

やさしい顔の大きなヘビ。見るととにかく一度つかまえてみたくなります……。石垣島や西表島では、昼夜を問わず路上で見ることが多いです。鳥を食べるためでしょうか、宮古島では夜、樹上でよく見かけます。

サキシマスジオ
宮古島では
木の上で
見ることが多い

オオウナギ

ウナギが泳いでる！

クレソン畑を荒らしているところを発見！

南西諸島ではなぜか渓流に大きなウナギが！　渓流をさかのぼり、ちょっとした溜まりになっているところを見てみよう。渓流に大きなウナギがいるアンバランスが面白い！　クレソン畑などで見ることもあります。

ヤモリたち

自販機の中にいた！

CIDER

わっ、ヤモリだらけ！

南西諸島はヤモリだらけ！　探さなくても見つかるけど、見つけるときは夜。コンビニや自動販売機に行ってみよう。外灯に集まる虫を食べにくるよ。

コブナナフシ
ゴツゴツした体が特徴、
太短くて、とっても
魅力的なナナフシ
与那国馬（ヨナグニウマ）
馬だよ！
ポニーみたい？

枝みたいな虫

南西諸島でコブナナフシを探すならクワズイモ。

おだやかな野生の馬

与那国島固有の小型の馬です。小さな島なので、車で外周を回れば海沿いの丘などでふつうに見られます。

おわりに

子どもの頃は、何も考えずに「生きものを見つけたい！」という衝動に突き動かされ、無謀な行動もできた。しかし、大人になると頭が先に動いて、なかなか行動に移せなくなってしまうものだ。そして、ほとんどの人が大人になるにつれ、身近な生きものへの興味を失っていく。まあ、それがふつうなのだろうけど、みんなが生きものを見つけ、生きものと遊んだときの気持ちを、どこかに置いてきてしまっては、ちょっと寂しい。子どもの頃に、あんなに生きものを見つけるのが好きで、見つけたときはとてつもなく嬉しくて、運動も勉強もできない私でも、そのときだけはヒーローになれたのに、自分の子ども世代に、あの感情をきちんと伝えなくていいのかな？　そんな気持ちで、私はこの本を書きました。

生きものを見るだけなら公園などでの観察会を利用するのもいいでしょう。でも、列になって誰かが見つけたものをみんなで見ただけで、本当に自然や生きものに親しみを感じ、それを維持できるのかな？生きものや自然を本気で守ろうと思うのかな？　自分で下調べをしたり、あれこれ考察したり、好奇心にまかせて生きものに触れたりと、多少の危険も含めた「実体験」をすることが大切なんじゃないかな？

と私は思うのです。

この本と運命的に出会ったみなさんには、これをきっかけに、ぜひとも自分で見つける感動を知ってほしいのです。行動に移してほしいのです。子どもに伝えてほしいのです。そして、それが自然や生きものへの親しみの感情につながってくれたらと思うのです。

さあ、この週末にでも、五感をフルに使って生きものを見つけましょう！

生きものカメラマン　松橋利光

飼育種類数日本一
鳥羽水族館
ジュゴンに会える
日本で唯一の
水族館です！

3章協力

鳥羽水族館

〒517-8517
三重県鳥羽市鳥羽3-3-6
TEL 0599-25-2555（代表）
http://www.aquarium.co.jp

Plofile

松橋利光 ● まつはし・としみつ

水族館勤務ののち、生きものカメラマンに転身。水辺の生きものなど、野生生物や水族館、動物園の生きもの、変わったペット動物などを撮影し、おもに児童書を作っている。

子どもの頃からさまざまな生きものを見つけてきた経験をもとに、今の子育て世代に生きものを見つけるということの大切さを提案し続けている。

おもな著書に、『日本のカエル』『日本のカメ・トカゲ・ヘビ』（山と渓谷社）、『てのひらかいじゅう』（そうえん社）、『嫌われ者たちのララバイ　カエル』（グラフィック社）、『生きもの　つかまえたらどうする？』（偕成社）、『どこにいるかな？』『へんないきものすいぞくかん　ナゾの1日』『いばりんぼうのカエルくんとこわがりのガマくん』（アリス館）、『世界の美しき鳥の羽根』（誠文堂新光社）、『里のいごこち』（新日本出版社）、『その道のプロに聞く　生きものの持ちかた』『その道のプロに聞く　生きものの飼いかた』（大和書房）など多数。

ホームページ　http://www.matsu8.com
ブログ　http://matsu8.blog97.fc2.com

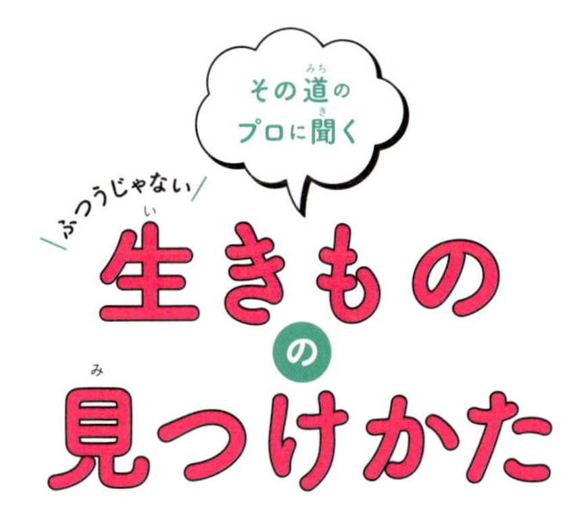
その道のプロに聞く
ふつうじゃない
生きものの見つけかた

2017年8月1日　第1刷発行

著者 —— 松橋利光

発行者 —— 佐藤 靖
発行所 —— 大和書房
東京都文京区関口1-33-4
電話 03（3203）4511

ブックデザイン —— 若井夏澄（tri）
写真提供 —— 清水海渡（アラカシの葉っぱ・p48、フクロウ・p55、センサーカメラ・p60-61）
編集 —— 藤沢陽子（大和書房）
印刷 —— 歩プロセス
製本 —— ナショナル製本

ISBN978-4-479-39298-9

http://www.daiwashobo.co.jp

シマリスは、
なんか「かわいそう」に
見えるけど、痛くないよ

トンボは、
くるくるしてもダメ！
逃げちゃうよー

クワガタは、
「目の横」に
狙いを定めて！

読むと、

その道のプロに聞く
生きものの持ちかた
生きものカメラマン
松橋利光
Toshimitsu Matsuhashi
大和書房

思わず手が動く。

正しい持ちかたがある――

イヌやネコはもちろん、カエル、トカゲ、タランチュラ、
カブトムシ、バッタ、スッポン、そしてゴキ○リや毒ヘビまで、
動物病院獣医、ペットショップオーナー、生きものカメラマンなど、
その道のプロが「生きものの正しい持ちかた」を伝授。

大和書房　定価（本体1500円＋税）

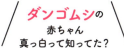

見つかっちゃった……